中央高校教育教学改革基金(本科教学工程)
“复杂系统先进控制与智能自动化”高等学校学科创新引智计划　　联合资助
中国地质大学(武汉)“双一流”建设经费

过程控制系统

PROCESS CONTROL SYSTEM

曹卫华　何王勇　甘　超　编著

内容简介

本书是一本综合性和工程性强的专业课教材,共分7章。本书以控制理论、计算机技术、通信技术、关键历史事件为出发点,系统讲述了过程控制系统的发展历程及趋势;详细梳理了可编辑逻辑控制器、集散控制系统、现场总线控制系统等典型过程控制系统的产生、发展、未来,关键技术及典型应用;以过程监控系统为载体,分析实际控制系统的架构及关键技术;由过程控制系统过渡至信息系统,分析企业信息化系统中的先进理论和技术;从工程实现角度切入,阐述过程控制系统设计与开发全流程,便于读者掌握和巩固理论知识。本书注重基础知识与工程应用融合,以具有笔者科研特色的冶金过程控制为实例,分析了流程工业动态发展及过程控制前沿问题;重视过程控制系统发展历程的分析,引导读者思考未来的发展方向。

本书既可作为理工科高年级本科生的教材或参考书目使用,也可供自动控制及相关领域的广大工程技术人员和科研人员参考。

图书在版编目(CIP)数据

过程控制系统/曹卫华,何王勇,甘超编著.—武汉:中国地质大学出版社,2021.5
中国地质大学(武汉)自动化与人工智能精品课程系列教材
ISBN 978-7-5625-5014-3

Ⅰ.①过…
Ⅱ.①曹…②何…③甘…
Ⅲ.①过程控制-自动控制系统-高等学校-教材
Ⅳ.①TP273

中国版本图书馆 CIP 数据核字(2021)第076191号

过程控制系统 曹卫华 何王勇 甘 超 **编著**

责任编辑:胡珞兰 选题策划:毕克成 张晓红 周 旭 王凤林 责任校对:张咏梅

出版发行:中国地质大学出版社(武汉市洪山区鲁磨路388号) 邮编:430074
电 话:(027)67883511 传 真:(027)67883580 E-mail:cbb@cug.edu.cn
经 销:全国新华书店 http://cugp.cug.edu.cn

开本:787毫米×1092毫米 1/16 字数:250千字 印张:9.75
版次:2021年5月第1版 印次:2021年5月第1次印刷
印刷:武汉市籍缘印刷厂 印数:1—1000册

ISBN 978-7-5625-5014-3 定价:39.00元

自动化与人工智能精品课程系列教材

编委会名单

序

为适应新工科建设要求，推动自动化与人工智能融合发展，中国地质大学（武汉）自动化学院联合教育部高等学校自动化类专业教学指导委员会和中国自动化学会教育工作委员会的有关专家，依托先进模块化的课程体系，有机融入“课程思政”的相关要求，突出前沿性、交叉性与综合性的新内容，组织编写了自动化与人工智能精品课程系列教材，以服务于新时代自动化与人工智能领域的人才培养。

系列教材涵盖了专业基础课、专业主干课、专业选修课、课程设计等教学内容。教材设置上依托教育部高等学校自动化类专业教学指导委员会首批自动化专业课程体系改革与建设试点项目（全国五个试点项目之一）和中国地质大学（武汉）教育教学改革项目的研究成果，以“重视基础理论、突出实际应用、强化工程实践”的课程体系设计为主线，包括增强知识点教学的连贯性，提高对自动化系统结构认知的完整性；知识点对应的工具成体系，提高对主流技术和工具认知的完整性；面对特定应用环境的设计技术成体系，提高对行业背景下设计过程认知的完整性。教材设计上充分体现以控制理论、运动控制、过程控制、嵌入式系统、测控软件技术、人工智能与大数据技术等为模块。

本系列教材由教育部高等学校自动化类专业教学指导委员会委员、中国自动化学会教育工作委员会委员、高校教学主管领导和教学名师担任编审委员会委员，并对教材进行严格论证和评审。

本系列教材的组织和编写工作从2019年5月开始启动，并与中国地质大学出版社达成合作协议，拟在3～5年内出版20种左右的教材。

本系列教材主要面向自动化、测控技术与仪器及相关专业的本科生，控制科学与工程相关专业的研究生以及相关领域和部门的科技工作者。一方面为广大在校学生的学习提供先进且系统的知识内容，另一方面为相关领域科技工作者的学习和工作提供参考。欢迎使用本系列教材的读者提出批评意见和建议，我们将认真听取意见，并作修订。

自动化与人工智能精品课程系列教材编委会
2020年12月

前　言

过程控制是自动化专业的核心专业课，课程专业综合性强，与过程控制方向先修课程及工程实践联系紧密。流程工业发展日新月异，先进的控制理论与方法层出不穷，新一代信息技术迅猛发展，创新型、应用型、复合型的人才培养势在必行；恰逢笔者主讲的“过程控制”入选首批国家级一流本科线下课程，现有教材无法很好地切合教学内容与教学理念。因此，亟需一本兼顾基础知识、工程实践案例及学科前沿，体现“逆向式”教学理念，使学生感到亲切、愿意主动去阅读学习的教材。

本书的编写秉持理论、应用与前沿相融合的基本理念，以过程控制系统的发展脉络为主线，以具有笔者科研特色的钢铁冶金过程控制工程实例为依托，以“知识从哪来，到哪去，未来如何发展”为基本组织思路，主要有以下两点特色。

(1) 多维度的内容。本书注重基础知识与工程应用相融合，依托笔者科研优势，将冶金过程的控制系统设计实例作为基础知识的重要支撑；结合笔者的主要研究方向，分析流程工业的动态发展及过程控制需要解决的前沿问题，展现问题解决方案和最新研究成果。更关键的是，每一章背后都隐含着笔者想要传达给读者的道理，主要体现在：①在过程控制系统的发展中展现“时势造英雄”，启发读者“顺势而为”；②在可编程逻辑控制器的发展过程中呈现只有与时俱进、开拓创新，才能永葆技术的旺盛生命力；③在集散控制系统中传达针对复杂的任务，可以多层次地分析、分而治之；④在实际应用案例中突出需求驱动。

(2)科学的组织结构。笔者遵循基本的科学思维，每一章的组织紧密结合时代背景和工业过程实际生产需求，系统地分析各种过程控制系统出现的原因，辩证地分析其优势与不足，贯通先修课程中的相关知识；在过程控制系统的更替中分析整体发展趋势，引导读者思考过程控制系统未来的发展方向。在本书组织中展现“追根溯源、严谨规范、开放包容”的科学态度和“发现问题、分析问题、解决问题”的科学思维方式。

笔者综合过程控制领域的国内外文献资料，结合多年来的研究成果与体会，系统地梳理了过程控制系统的发展脉络，阐述了基本原理、技术特点、典型应用及发展趋势。本书由7章构成。第一章是绪论，展现过程控制系统的宏大背景及发展历程；第二至第四章分别针对可编程逻辑控制器、集散控制系统、现场总线控制系统与工业以太网等关键技术，阐述了它们的发展历程、发展趋势，基本原理、技术特点及典型应用；第五章以过程监控系统为载体，分析第二至第四章的内容如何相互配合，实现系统的综合设计；第六章由控制系统过渡到信息系统，分析企业信息化系统中呈现的建模、优化、控制、决策、评估、管理等先进理论与技术；第七章从工程实现的角度出发，给出了系统工程设计的规范、原则、流程，指导过程控制系统的设计与开发。本书既可作为理工科高年级本科生的教材或参考书使用，也可供自动控制及相关领域的广大工程技术人员和科研人员参考。

本书由中国地质大学（武汉）曹卫华教授主编，他完成了第一章至第六章主要内容的编写和全书的统稿、定稿；甘超副教授参与编写了第五章、第六章部分内容；何王勇讲师完成了第七章的编写。中国地质大学（武汉）自动化学院毕乐宇、郝曼、朱蕊、彭赛、朱清宜、彭磊、李浩桂、揭奎等博士和硕士研究生承担了本书的文字录入与校对工作，在此深表谢意。

由于作者水平有限，书中不妥之处在所难免，敬请读者批评指正，不胜感激！

编著者

于中国地质大学（武汉）

2021年2月

目 录

第一章　绪　论

制造业的规模和水平是衡量一个国家综合国力和现代化程度的主要标志，以钢铁冶金、石油化工等为代表的流程工业是保障国家资源能源安全、支撑高端装备制造、促进国家经济增长的关键行业。为保证生产过程安全，提高生产质量效益，提升资源利用效率，促进绿色低碳生产，降低对劳动力要素的依赖，构建智能工厂，必须设计合适的过程控制系统，对生产过程执行器的操作参数（如阀门开度）进行稳定控制，对状态参数（如冶金温度、化工反应罐压力、物料成分等）进行优化控制，最终实现生产过程质量、产量、效益、绿色环保等综合生产目标的优化与协调。

第一节　过程控制与过程控制系统

18世纪中叶开启工业文明以来，保证生产过程安全稳定，提高生产过程的效率、质量，降低生产成本，一直是工业生产追求的目标。面向机理关系日益复杂、生产规模不断扩大，高难度、高指标过程生产需求日益突出的流程工业，工业过程控制的要求不断提高。同时，随着控制理论、计算机技术、通信技术的蓬勃发展，多学科深度融合，过程控制系统的组成和架构几经更迭，呈现出以实际需求驱动为导向的不断优化、不断革新的发展历程。

一、过程控制

过程控制是指工业生产过程中连续的或按一定周期程序运行的生产过程自动化。这里的“过程”是指在生产装置或设备中进行的物质和能量的相互作用与转换过程，例如钢铁冶金中的热交换过程，石油化工中物质成分的变化过程等；同时，反映过程特性的状态参数有温度、压力、流量、物位、成分等。过程控制的目的是通过检测、控制手段，保证各过程状态参数满足实际工艺需求，综合生产指标（产品质量、产量、成本和能源消耗）实际值在目标范围内，保证生产过程安全经济运行，且满足环境和质量的要求。

过程控制的需求始终与工业发展紧密地联系在一起。1785年，瓦特改良蒸汽机，标志着第一次工业革命的开始，蒸汽机作为动力机被广泛使用，机器工厂开始代替手工工厂，开采煤、矿石等资源的采矿业和机器制造业开始兴起。19世纪下半叶至20世纪初，随着电力和内燃机的广泛应用，“电力时代”和“石油时代”的到来，电力、石油化工、钢铁冶金、汽车制造等重工业兴起，工厂规模不断扩大，以人类操作为主体的过程控制已无法满足生产需求，如化工过程中希望将反应维持在特定的温度，具有化工背景的操作员在观察温度计的同时，调节其中一种反应物的流速，可实现温度的粗略调节，但无法实现温度的精准控制以改善产品质量，研究人员开始考虑投入自动控制器。20世纪中叶，计算机技术、通信技术的迅速发展和广泛应用，标志着“信息时代”的到来，新能源技术、新材料技术、生物技术、空间技术和海洋技术等诸多领域兴起，工业生产过程日益复杂，生产规模日益扩大，生产要求日益提高，过程控制开始关注生产过程中多个装置、设备间的协调与优化，以实现更高的产品质量。

进入21世纪后，移动互联网技术迅猛发展，伴随着经济全球化的深入发展和“中国制造2025”的推进，自动控制技术如今已经进入万物互联、高度智能的新格局，人工智能技术突飞猛进，大数据呈爆炸式增长，推动了智能自动化技术的发展，掀起了新一轮科技革命和工业创新的浪潮。在新一代信息技术与制造业深度融合的新形势下，基于信息物理系统的智能装备、智能工厂等智能制造正在引领制造方式变革，过程控制面临着新的机遇与挑战。可见，日新月异的流程工业不断对工业过程控制提出新的需求，是过程控制系统发展的首要驱动力。

二、过程控制系统

为了顺应工业过程控制的需求，过程控制系统综合运用检测技术、先进的控制方法、计算机技术、网络通信技术，将反馈控制系统设计和计算机控制系统实现的信息系统架构结合起来，设计并开发满足实际生产过程要求的控制系统。

经典的单闭环反馈控制系统由控制器、执行器、被控对象（过程）、检测变送单元、通信单元等组成，系统结构如图1-1所示。

(1)控制器：根据被控量测量值与设定值之间的偏差，按一定控制规律计算得到相应的控制信号，其中被控量的设定值由被控过程工艺及生产要求决定。

(2)执行器：用于操作被控对象，实现被控量的改变。

(3)被控对象（过程）：需要控制的设备或过程，一般会受到外部环境扰动，引起被控变量变化。

(4)检测变送单元：检测被控量，并将检测到的信号转换为标准电信号输出，得到被控量的测量值。

(5)通信单元：实现控制器与执行器和检测变送单元的交互，将测量值传输至控制器，将控制输出传输至执行器。

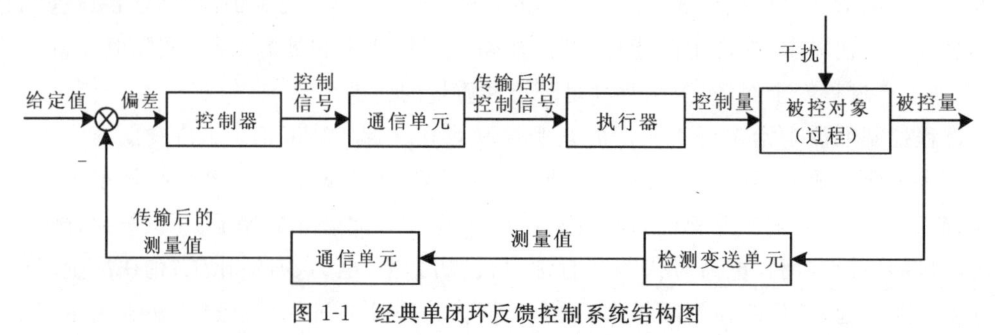

图1-1　经典单闭环反馈控制系统结构图

执行器和检测变送单元直接与被控对象(过程)进行交互,实现被控量的调节与测量;通信单元则实现控制器与执行器和检测变送单元的交互。控制器设计以控制理论的发展作为驱动力、以计算机作为具体实现载体。因此,过程控制系统的发展在工业生产需求的驱动下,主要由控制理论、计算机技术和网络通信技术共同推进,各理论、技术相互促进,在系统硬件、软件、结构、规模、适用对象等方面都在动态地变化。

控制理论是过程控制系统的理论设计基础。第一次工业革命后,蒸汽机代替了部分手工劳作,蒸汽机运行状态的稳定性是保证其安全运行的基础,此时控制理论开始萌芽。第二次工业革命后,发电机、电动机、内燃机的出现促进了电力、石油化工、大型钢铁企业的兴起,火电厂大型锅炉、化工厂各种反应器、钢铁冶炼设备的稳定控制需求迫切。第二次世界大战中对火炮系统的高精度控制需求日益突出,促进了以 Bode 图等频域分析法为代表的经典控制理论的形成。“二战”后,各国的科技竞争促进了以原子能技术、航天技术、电子计算机技术等为代表的第三次工业革命的兴起,经典控制理论无法解决导弹导航、宇宙飞船会合、复杂工业过程等多输入和多输出系统的控制问题,以状态空间描述方法、最优控制、Kalman 滤波为代表的现代控制理论应运而生。复杂的工业过程难以建立精确的数学模型,且干扰普遍存在,导致基于传递函数或状态空间方程的经典和现代控制理论难以实现期望的控制效果,鲁棒控制、专家系统、模糊控制等先进控制理论引起了控制领域广大研究人员的兴趣。21 世纪后,计算机技术和移动通信技术取得了长足的发展,企业信息化系统逐渐完善,对生产全流程进行优化协调控制,促进工业化和信息化融合是控制理论的研究主题。近年来,在大数据、强算力的支撑下,人工智能发展迅猛,复杂系统建模、智能决策等方法为控制理论的发展带来新的契机。

计算机技术是过程控制系统的实现载体。1946 年,世界第一台电子计算机研制成功,用于导弹弹道的计算;之后,晶体管代替了体积大、能耗高的电子管,世界第一台晶体管计算机于 1956 年研制成功,但由于价格昂贵,多用于原子科学等前沿研究中;1971 年,Intel 公司研制成功商用的微处理器芯片 4004,为微处理器的工业应用奠定了基础;1983 年,苹果公司推出了世界第一台商品化的图形用户界面 PC 机;1995 年,Microsoft 公司推出了具有更实用桌面图形用户界面的 Windows 95 操作系统,PC 机取得了长足的发展。进入 21 世纪后,处理器中晶体管密度趋于饱和,高时钟频率下能量消耗严重,处理器性能增长遭遇时钟频率提升的瓶颈,一方面多核处理器系列芯片出现,另一方面云计算、边缘计算等与网络密切结合的概念被提出,旨在通过分布式的方式提高计算能力。2020 年,中国科学技术大学等团队成功构建了量子计算原型机“九章”,其计算速度是最快超级计算机的 100 万亿倍,证明了“量子优越性”的存在。新材料、新理念、新技术推动计算机技术向前发展,日益强大的计算能力可以更好地服务生产、生活。

网络通信技术直接影响着过程控制系统的架构。1969 年,美国国防部基于分组交换理论构建了 ARPANET,实现了 4 台计算机的远程通信,在军事、科技、经济等方面展现出不可估量的前景,各类网络体系源源不断地涌现,彼此竞争,但不同厂家的设备无法互联互通、信息共享。1985 年,国际标准化组织(International Organization for Standardization, ISO)提出了开放系统互连参考模型(Open Systems Interconnection Reference Model, OSI/RM),

旨在使世界范围内的各种计算机以此标准框架互联成网,网络通信趋于标准化,对互联网的发展起到了非常重要的作用。1993 年,欧洲原子核研究组织开发的万维网(World Wide Web, WWW)开放给所有人使用,互联网走向社会商用,推动了经济技术全球化进程。如今,随着无线通信、计算机技术的发展,终端设备的功能日益强大、成本不断降低,在 5G 通信和工业互联网的联合推动下,万物互联的物联网时代正在向我们走来。

在实际工业需求和各项技术的推动下,过程控制系统经历了集中式、网络化两个阶段,目前正朝着智能化的方向发展,发展历程及与其他技术的对应关系如图 1-2 所示。20 世纪 30 年代,石油化工、钢铁冶金等行业促进了气动自动化仪表大量生产,自动控制开始取代工程师的手动调节;50 年代,以运算放大器的发明为驱动力,电动式单元组合仪表出现,用于通信的气动管道逐渐被电气系统所取代。1964 年,第一台为实时过程控制应用而设计的计算机 IBM1800 发布,可实现多回路监督控制、生产规划、质量控制和生产监督,即集中式的

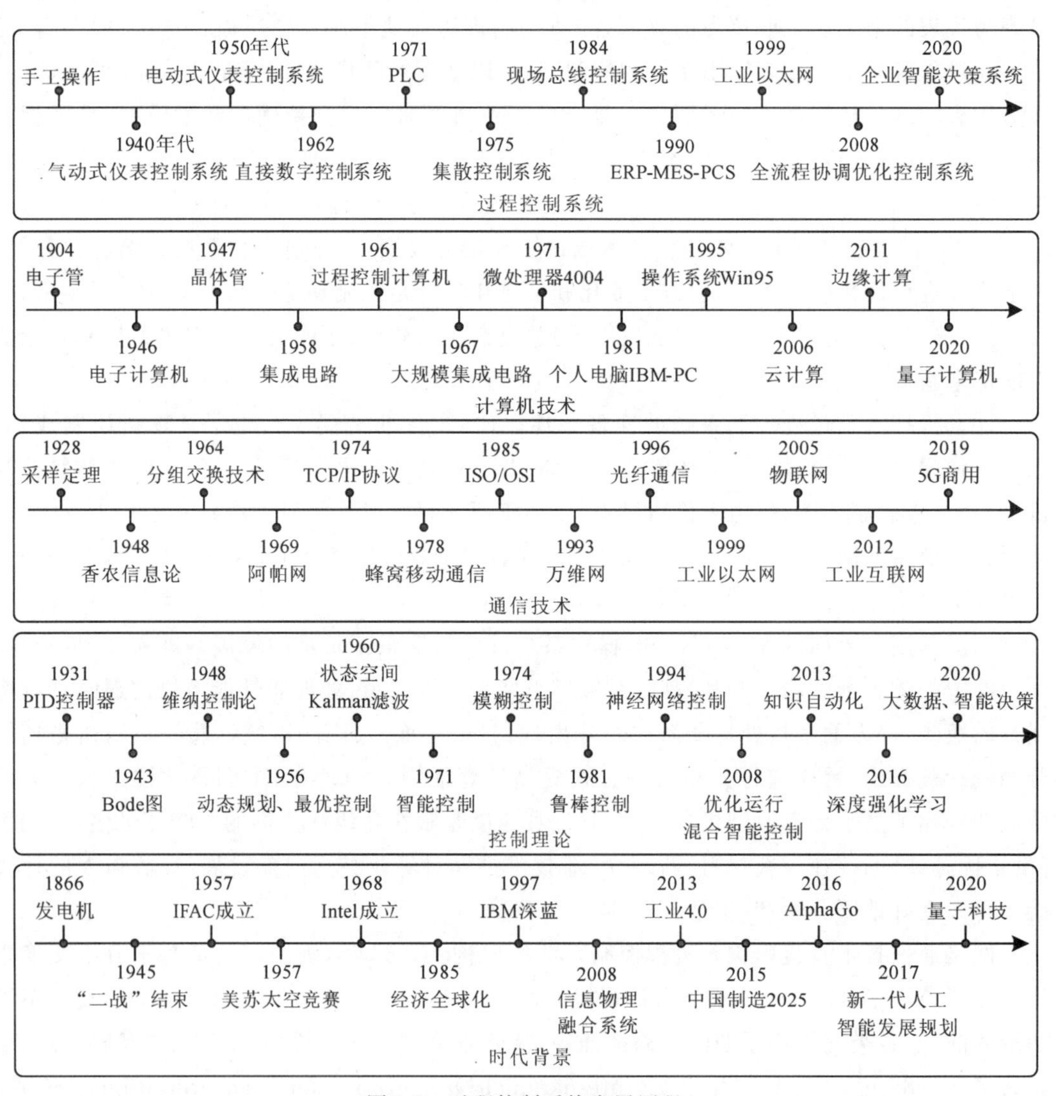

图 1-2 过程控制系统发展历程

过程控制系统。70年代前后，计算机网络技术的迅猛发展和微处理器芯片的研制成功，为集散控制系统的出现奠定了基础，标志着网络化过程控制系统的诞生；之后，随着网络通信技术的迅猛发展，现场总线、工业以太网不断为网络化过程控制系统注入新的血液；工业生产规模日益庞大，对高效生产、管理的需求日益迫切，企业信息化系统应运而生。进入21世纪后，工业过程的信息化、自动化水平取得了长足发展；如今，大数据驱动的人工智能，云计算、边缘计算、超级计算机奠定的强大计算能力，高速、低时延的5G通信技术，促使过程控制系统向智能化方向发展。

第二节　集中式过程控制系统

集中式过程控制系统经历了基地式仪表控制系统、单元组合式仪表控制系统、组装式仪表控制系统和集中式计算机控制系统4个阶段，工业过程控制规模不断变大，控制理论由经典控制论向现代控制论过渡，电子计算机出现并逐渐应用于工业过程，是此阶段过程控制系统发展的主要驱动力。

20世纪40年代以前，控制理论还未成型，主要基于检测仪表检测到的生产过程关键参数，通过操作员的经验实现过程控制，旨在保证生产安全、少出事故，生产效率很低。1948年，维纳的《控制论》出版，控制论作为一门学科正式诞生，控制技术在火炮伺服、电话通信中大放异彩，引起了过程控制行业的充分关注。

一、基地式仪表控制系统

20世纪40年代初期，石油化工、电力等工业对生产自动化的需求促进了气动基地式仪表的产生，它以压缩空气为动力源，将检测、记录、调节仪装在一个表壳内，结构上采用了紧固的密封式压铸箱体，具有本质安全防爆的特点，可靠性高，在恶劣环境下也能稳定运行。它主要用于控制大型阀门的开启和关闭，直接被安装在生产设备附近，整个控制系统称为基地式(现场型)仪表控制系统，该系统主要有以下3个特点：

(1)结构简单。测量与控制都在现场进行，不需要变送单元，测量管线短，安装方便。

(2)功能集中。检测、计算、执行及简单的显示等功能被集中在一个仪表内。

(3)控制策略单一。基于Bode图、根轨迹法等经典控制理论进行控制器设计，属于单回路控制，无法搭载复杂的控制策略。

基地式仪表功能较简单，控制精度较低，由于气压信号仅在仪表内起作用，各测控点只能呈密封状态，无法与外界进行信息交互；操作员通过现场巡视的方式了解生产过程状况，对仪表进行调节与设定，控制的实时性较差。基地式仪表常用于中小型企业中数量不多或分散的就地控制系统，大型企业的某些辅助装置、次要的工艺系统以及单机局部控制系统中。

之后，随着电子技术的发展，以电力为动力源的电动基地式仪表出现，信号传输速度和控制精度大大提高，但仪表机械结构复杂，维护难度大，且容易受电磁干扰的影响。

二、单元组合式仪表控制系统

20 世纪 50 年代，随着工厂生产规模的扩大，操作员需要掌握多点的运行参数与信息，进行综合的分析与控制，功能单一、安装分散、操作烦琐的基地式仪表已无法满足控制需求；同时，基于标准化信号的仪表通信技术逐渐发展起来，在内需和外供的双重作用下，单元组合式仪表控制系统应运而生。单元组合式仪表控制系统基于统一的标准信号，将与现场设备直接相连的检测、变送、控制、执行等一次仪表，与安装在远离现场控制室内的观测、显示、给定、调试等二次仪表联系在一起，操作员在控制室即可进行统一的监视和操作，实现了生产过程的“集中式”控制与管理，该系统主要有以下两个特点：

(1)结构灵活。单元模块间可灵活组合，构成功能多样的自动检测和控制系统，系统配置灵活，设备维护便利，可靠性高。

(2)通用性强。各模块通过标准的模拟信号进行通信，适用范围广。

按动力源划分，单元组合式仪表控制系统可分为气动式和电动式两类。气动式单元组合式仪表的信号标准为 0.02～0.10MPa 的气压信号，安全防爆，结构简单，价格便宜；但缺点是需要大量气动信号管道，信号传送慢、精度低，气源质量直接影响控制效果。电动式单元组合式仪表的信号标准有Ⅱ型、Ⅲ型之分，DDZ-Ⅱ型为 0～10mA 的直流电信号，DDZ-Ⅲ型为 4～20mA 或 1～5V 的直流电信号，信号传输速度快、灵敏度高、距离远、动力源方便；缺点是易受电磁场干扰，且一般只能实现单参数的比例积分微分(Proportion Integral Differential, PID)调节和简单的串级、前馈控制，无法实现自适应控制、最优控制等复杂的控制策略。

三、组装式仪表控制系统

20 世纪 60 年代前期，为了更好地利用仪表组件构成不同的控制系统，大型柜式的组装式仪表出现，一个机柜即可实现多个控制系统的构建，各仪表组件按需要插装，控制系统搭建更加灵活、方便，该系统主要具有以下 3 个优点：

(1)插装方便。仪表组件可按需插装，易于调整、修改控制系统。

(2)安全性高。一般具有自动保护功能，可以对工艺事故、仪表事故、电源故障和误操作进行联锁保护。

(3)功能齐全。具有自动切换、程序控制、逻辑控制等功能，适用于多参数综合自动控制系统。

从基地式到单元组合式再到组装式，仪表控制系统功能日益强大，但其采用的是模拟信号，传输速度较慢，抗干扰能力差，且过程控制系统日益复杂，导致中央控制室仪表盘日益庞大，操作困难的问题并没有解决。

四、集中式计算机控制系统

1946 年第一台电子计算机出现后，企业看到了计算机提高生产效益的潜力，而计算机公司看到了商机，促进了计算机技术的发展。随着集成电路的产生，计算机体积大大减小，开始应用到工业领域。1962 年，英国帝国工业公司用 Ferranti Argus 计算机系统替代了原先的模拟仪表控制系统，实现了纯碱厂 129 个阀门的控制，集中式计算机控制系统由此产生。集中式计算机控制系统主要经历了直接数字控制(Direct Digit Control, DDC)和监督计算机控制(Supervisory Computer Control, SCC)两个发展阶段。

直接数字控制系统是用一台计算机配以模数、数模转换器等输入输出设备，计算机通过多点巡回检测装置对被控参数进行采样，按照预先规定的控制算法计算各被控参数的控制量，用分时处理方式完成各控制量的下达，实现对生产过程的闭环控制。现场传输信号大部分沿用 4～20mA 电流模拟信号，内部传输信号为数字信号。直接数字控制系统结构紧凑、轻便灵活、操作方便，充分发挥了计算机的特长，是一种多目的、多任务的控制系统，可以搭载多变量解耦控制、最优控制、自适应控制等复杂形式。

监督计算机控制系统是一种分级控制，第一级用 DDC 计算机或模拟调节器，完成现场参数的直接控制；第二级为 SCC 计算机，根据反映生产过程状况的数据和数学模型进行必要的计算，为 DDC 计算机或模拟调节器提供各种控制信息，如最佳给定值和最优控制量等进行辅助与优化控制。监督计算机控制系统充分结合了操作指导和直接数字控制系统，克服了 DDC 系统在实时控制时采样周期不能太长的缺点。

集中式计算机控制系统主要有以下两个优点：

(1)灵活性强。基于计算机实现了多个生产过程的集中控制，操作者面板大大简化，系统可通过编程重新设置，而无需重新连线，各控制算法实现方便，系统可扩展性强。

(2)控制策略多样。可以搭载现代控制理论中比较复杂的控制算法，提高了控制效果。

但是，集中式计算机控制系统的可靠性较低。受限于计算机的成本和体积，大多采用一台或两台计算机控制全厂所有的生产过程，在实现多个控制任务集中的同时，也将危险集中；受限于当时计算机硬件水平，计算机的可靠性比较低，计算机一旦发生故障，全厂生产将完全瘫痪。在具体实施时，仍保留了部分仪表控制系统，整个系统较为繁冗，实际生产过程迫切需要一种高灵活性、高可靠性的控制系统。

第三节 网络化过程控制系统

1969 年，ARPANET 的出现标志着计算机网络技术飞速发展，计算机网络技术逐渐应用到工业过程中，自动化领域开放系统互联通信网络逐渐形成，成为了网络化过程控制系统发展的首要驱动力，经历了集散控制系统、现场总线控制系统、基于工业以太网的控制系统以及流程工业综合自动化系统 4 个阶段。

一、集散控制系统

1971 年，Intel 公司成功研制商用微处理器芯片，为集散控制系统的出现奠定了硬件基础。针对集中式计算机控制系统可靠性低的问题，1975 年，美国 Honeywell 公司成功推出了世界第一套集散控制系统 TDC2000，其核心思想是“信息集中，控制分散”。集散控制系统将控制任务合理分解为多个控制回路，以微处理器为基本计算单元实现各回路的控制，控制功能分散的同时也将危险分散；利用网络通信技术进行集中监视、操作与管理，“分而治之”，从而实现复杂系统的控制与管理。

从结构上看，集散控制系统包括现场级、控制级、监控级和管理级。过程级主要由过程控制站和现场设备（传感器、变送器、执行器）组成，主要完成数据采集与具体回路的控制；操作级包括操作员站和工程师站，操作员站完成生产过程的监视与控制，偏向于实际工艺，工程师站则实现系统的设计、配置、组态和调试；管理级是指工厂管理信息系统，对各生产过程进行协调控制与管理，以实现工厂效益的最大化。集散控制系统既有 DDC 可搭载复杂控制算法、控制精度高、响应速度快等优点，又有仪表控制系统安全可靠、易于拓展的特点。但是，现场设备和过程控制站间仍通过标准电流信号传递信息，需要用电缆连接，接线复杂，调试困难，维护成本高，控制功能分散并不彻底；各生产厂家的集散控制系统设计自成一体，采用专用的标准和协议，不同的集散控制系统无法互联互通，开放性差。可实现更大范围信息共享的网络化过程控制系统呼之欲出。

二、现场总线控制系统

20 世纪 80 年代，随着微电子技术的迅速发展，搭载微处理器的现场智能设备出现，具有数字计算和数字通信能力，将控制功能下放到现场、现场设备间实现通信成为可能，为现场总线的出现奠定了基础。1982 年，现场总线的概念首先在欧洲提出，定义为连接现场智能设备和自动化系统的数字式、双向传输、多分支结构的通信网络，通过现场总线可实现现场智能设备和控制室的直接通信，构成现场总线控制系统，主要具有以下 4 个优点：

(1)控制功能彻底分散。现场智能设备代替集散控制系统中的过程控制站和操作员站。

(2)信号传输全数字化。信号可双向传输，传输精度更高，抗干扰能力更强。

(3)良好的系统开放性。技术和标准实现了全开放，现场设备具有互操作性，针对同一种现场总线，不同厂家的现场智能设备可互联、互换，并可统一组态，从而降低了控制系统的投资和运行维护成本。

(4)方便的数据共享。通信网络采用开放式互联网络，控制现场的数据可很方便地被获取、共享。

现场总线控制系统展现出了巨大的优势，广大用户强烈要求实现现场总线通信协议的标准化。1984 年，美国仪表学会（Instrument Society of America, ISA）最早开始制定 ISA/SP50 现场总线标准。在此之后，越来越多的企业和标准化组织着手制定现场总线的行业标准、地区性标准和国际标准，现场总线标准曾达 100 余个。但是，对于商业利益的考虑导致现场总线始终无法完全形成一个国际通用标准，采用不同现场总线的设备无法实现互联、互换、统一组态以及互操作，限制了现场总线控制系统的迅速推广、占领市场。

三、工业以太网技术

1999 年，通信协议标准之争后，8 种现场总线被列入国际电工委员会（International Electrotechnical Commission, IEC）的现场总线技术标准，但对于用户而言“多标准等于无标准”。世界各大厂商纷纷寻找其他途径以解决现场智能设备的扩展性和兼容性问题，通信标准统一、传输速度快、功耗低、安装方便的以太网成为首选目标，但工业控制对网络通信的确定性与实时性、稳定性与可靠性又提出了更高的要求。以太网通信速率的提高，全双工通信、交换技术的发展，解决了传统以太网采用带冲突检测的载波监听多路访问(Carrier Sense Multiple Access with Collision Detection, CSMA/CD)媒介访问方法带来的通信不确定性问题；而与快速以太网、千兆以太网技术结合，则大大提高了以太网的实时性，为以太网应用于工业现场设备间的通信奠定了基础。

按照国际电工委员会的定义，工业以太网是用于工业自动化环境，符合 IEEE 802.3 以太网标准，按照 IEEE 802.1“介质访问控制(Medium Access Control, MAC)网桥”和“局域网虚拟网桥”规范，对其没有进行任何实时扩展而实现的以太网。因此，工业以太网主要是通过采用交换式以太网、全双工通信、流量控制及虚拟局域网等技术，减轻以太网负荷，缩短网络的响应时间，与商用以太网兼容的控制网络，工业以太网主要有以下 3 个特点：

(1)兼容性好。不同类型的现场智能设备可以方便地接入工业以太网。

(2)易于信息集成。基于 ISO/OSI 参考模型，工业以太网容易和 Internet 连接，组建成统一的企业网络，从而把管理、决策、市场信息和生产控制信息结合起来，实现产品生产加工、原料供应与生产储运、市场信息、企业管理、决策等过程的一体化。

(3)可持续发展潜力大。与 Web 技术相结合，实现生产过程的远程监控、远程设备管理、远程软件维护和远程设备诊断。

四、流程工业综合自动化系统

流程工业综合自动化是不断发展的智能仪表、集散控制系统、现场总线控制系统、工业以太网技术，不断提高的节能降耗、高效生产、清洁生产的实际控制要求和日益激烈国际市场竞争的共同需求，也是提高企业生产自动化水平、挖潜增效、提高竞争能力、促进企业加速发展的重要途径。1973 年，计算机集成制造的概念被提出，在流程工业中具体化为计算机集成过程系统，集常规控制、先进控制、生产调度、企业管理、经营决策 5 个层次的功能为一体；五层体系结构将企业管理过程和实际生产过程明显分开，受限于当时的控制决策方法、计算机和通信技术，传统“自主型”控制决策方法无法解决复杂工业系统的整体优化与决策。

1989 年，五层体系架构最终演变为“两库三层”体系架构，摆脱了完全按照物理层次划分并配置控制系统的传统模式，系统实现成本更低、管理效率更高，更适用于现代扁平化结构的企业。“两库三层”结构如图 1-3 所示，以实时数据库、关系数据库为核心，具体包括过程控制系统(Process Control System, PCS)、生产执行系统(Manufacturing Execution System, MES)和企业资源计划系统(Enterprise Resource Planning, ERP)三层。PCS 层主要实现工业过程各回路的闭环控制、工业装备的逻辑控制以及过程监控，保证安全、平稳生产；MES 层基于企业生产计划，制订各生产部门的生产计划、各生产流程的工艺参数及过程控制系统的运行指标，实现生产过程的调度和优化管理；ERP 层基于企业目标，对企业的人、财、物、能源等资源进行统筹规划，制订企业生产计划。

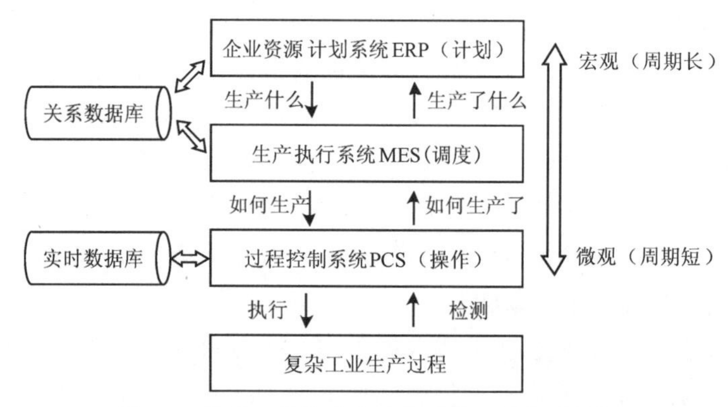

图 1-3 流程工业综合自动化系统三层体系结构

流程工业综合自动化系统已经发展到一定水平，基本实现了操作工作的自动化，也实现了管理和决策工作的信息化，但仍然存在一些挑战。

(1)控制对象特性复杂。工业过程被控对象广泛存在多变量、多尺度、非线性、强耦合、大时滞等复杂特性，受可测、不可测多重扰动的影响，常规 PID 控制常无法满足实际控制需求；对象模型难以精确建立，对依赖模型的控制理论提出了挑战。此外，多型号产品的加工需求、加工原料的差异、生产装备的升级换代给生产过程带来很强的不确定性，要求控制与决策方法具有较强的适用性和灵活性。

(2)知识型工作者依赖严重。在复杂系统分析、精确判断和创新决策等方面仍依赖知识型工作者，如企业的管理、生产过程的调度、控制回路的设定等任务，主要通过人机接口实现知识型工作和自动控制系统之间的交互，是一种非自动化的运行机制。随着大数据时代的到来，知识型工作者对海量信息反应不够敏捷，知识经验的学习、积累和传承也比较困难。摆脱对知识型工作者的传统依赖已成为工业生产实现高效、绿色、跨越式发展的核心。

(3)控制系统未实现完全互联互通。三层结构的层次间缺乏有效交互与协同机制，还未建立良好的双向信息流。具体的，ERP 与 PCS 之间的数据不匹配，使得企业计划调度层缺乏生产实时信息反馈，并且没有充分考虑生产过程特性；底层控制系统各自独立，容易形成多个自动化孤岛，实际 MES 与 PCS 缺乏衔接，企业难以实现全流程的整体优化。

第四节 过程控制系统的发展方向

随着信息技术的发展，大数据时代已经到来，信息技术与工业化呈现加速融合趋势，批量化、单一化的传统工业生产模式已无法满足商品多样化和多元化，以及服务网络化、便捷化的用户需求，各国纷纷提出相应的智能制造发展规划和战略布局。美国智能制造领导联盟提出了实施 21 世纪“智能过程制造”的技术框架和路线，拟通过融合知识的生产过程优化实现工业的升级转型；德国提出了以智能制造为主导的第四次工业革命发展战略，即“工业 4.0”，将信息和通信技术与生产制造技术深度融合，实现产品、设备、人和组织之间的无缝集成及合作；我国提出了“中国制造 2025”和“新一代人工智能发展规划”，以促进制造业创新发展为主题，加快新一代信息技术与制造业深度融合为主线，推进智能制造为主攻方向，强化工业基础能力，提高综合集成水平，完善多层次人才体系，实现制造业由大变强的历史跨越。

在大数据时代，过程控制面临新的需求与挑战，人工智能技术、通信技术、计算机技术迅猛发展，过程控制系统的智能化势在必行。通过智能传感器网络，可以对工业过程的特性、运行状态等进行多维度感知；物联网技术可实现生产设备之间的互联互通，互联网技术可实现生产设备信息、生产过程数据、企业管理数据等海量数据的实时获取；云计算则提供了庞大的计算和信息处理能力；人工智能技术为工业过程智能控制与决策提供了大量的工具。此外，传统的流程工业企业如安赛乐米塔尔集团、中国宝武钢铁集团，电气公司如通用电气、西门子，以及互联网巨头如Google、阿里巴巴、华为、浪潮等加大对工业信息化与智能化系统设计及应用的技术开发、支撑和维护力度，促进了相关技术的发展与落地。

一、面向大数据的智能控制与决策方法——新一代人工智能

智能控制与决策方法是构建智能化过程控制系统的理论基础，具体体现为企业目标、工业调度、生产指令、回路设定的优化决策和现场加工装备的自主控制。目前，优化决策依赖知识型工作者的现状亟需改变，以大数据驱动知识学习、脑启发的类脑智能、自主智能系统等为代表的新一代人工智能具有巨大潜力，关键在于围绕多目标、多环节的生产全流程决策要素，建立一种集智能感知、知识发现和分析、智能关联、判断和自主决策于一体的人工智能驱动的生产优化决策系统，解决工业制造过程中面临的供应链、计划、调度、工艺运行指标以及控制系统设定值等优化决策问题。针对现场加工装备控制过程存在的对象模型难以精确构建、控制算法适应性不足等问题，关键在于充分利用机理特征和加工装备产生的数据，实现多源特征提取与融合、加工装备运行特性动态建模、自学习控制算法设计，构建自主控制系统。此外，目前的决策与控制过程多处于分离状态，设计优化决策系统和自主控制系统的有机集成，构建决策和控制一体化的工业智能系统，也是亟需解决的问题之一。

二、"一网到底"的工业网络架构——工业互联网

工业过程实体间的互联互通以及数据实时、准确传输是智能化过程控制系统的驱动力。近年来，物联网、云计算和大数据等技术日趋成熟，基于工业以太网，在高速数据传输网络、庞大云资源的支持下，构建工业互联网，实现"一网到底"成为可能。传统工业网络系统主要存在感知深度不足和互联广度不足两个问题，体现为仪表自动化系统仅能感知信息维度低的过程变量，难以反映物理过程深层次的动态特性；跨领域信息孤岛难以互联互通，无法准确描述领域间复杂关联关系，决策全局性差。2012 年，美国通用电气公司提出了工业互联网的概念，强调基于开放、全球化的网络，工业制造企业、服务企业、互联网企业主体与多类互联主体形成互联关系，把设备、人和数据实时并行连接起来，通过对大数据的利用与分析，使工业设备智能化，从而降低能耗、提升效率，使数据分析同步反映设备状态，实时下发控制指令，实现资源的优化配置、协同合作和效率提升。

三、强大的算力支撑——工业云平台

工业云平台为工业大数据的存储、分析、计算提供强大的算力支撑，是实现智能化过程控制系统的重要基础设施。工业云平台的核心是云计算，是一种依托互联网的超级计算模型，将巨大的资源联系在一起为用户提供各种信息技术服务，具有高灵活性、高性价比、高可靠性等优势。云计算可以使得自动化系统的架构更加灵活，自动化和信息化系统可运行于包括 Internet 在内的整个网络之上，基于整个网络来分配系统的资源及实现各种功能，将分布式架构扩展到更大范围；云计算可充分整合公共网络的计算能力，分析和处理生产过程产生的海量数据，满足大规模应用系统的需要，为实现复杂自动化、信息化系统提供支撑。云计算在工业企业中的应用愈加深化，可有效地帮助企业提升产品附加值、提高生产效率、创新商业模式，加快推动产业转型升级。

四、典型案例

1. 米塔尔的高炉智能监控系统

安赛乐米塔尔集团是世界级的优秀钢铁制造商，集团钢铁年产量约占世界钢铁总产量的 10%。高炉是钢铁冶金过程的重要设备，主要将铁矿石冶炼为铁水。米塔尔构建了庞大的高炉远程监控、诊断、规范化（Remote Monitoring，Diagnosis and Standardization，RMDS）系统，整体框架如图 1-4 所示，在总部即可实现该公司世界范围内高炉生产的监控、调度、操作、信息实时处理与管理等，旨在建立通用变量，建立标准的名称，打破各高炉之间的信息互通障碍，实现远程监控、诊断的标准化；打破计算机系统之间的网络障碍，建立一个安全的全球网络，建立一个互相帮助的网站；通过实时和历史数据分享操作经验，实时在线交换信息，解决高炉冶炼问题。

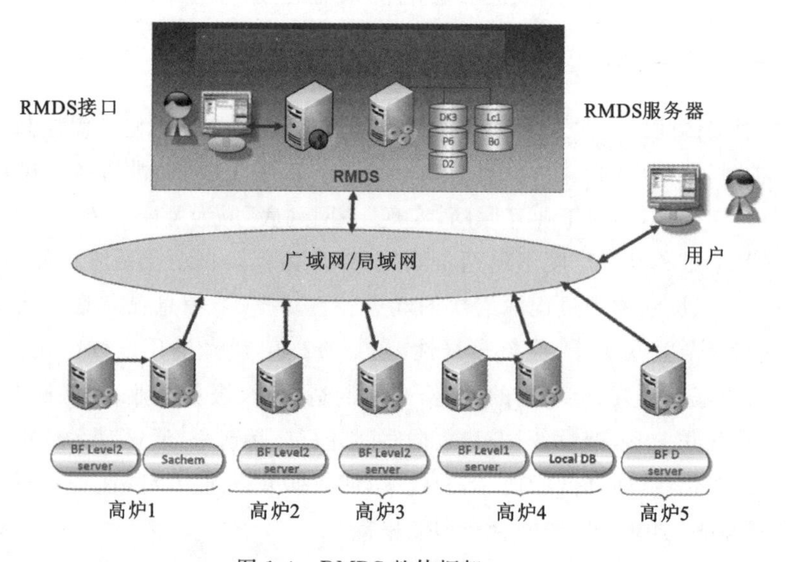

图 1-4 RMDS 整体框架

2. 阿里云的工业大脑

阿里云将工业大脑作为工业智能化的载体，工业大脑集成了阿里云计算和深度学习的能力，基于设备类数据、产品生命周期类数据以及周边数据（图 1-5），通过提高数据汇集与精炼能力、算法能力与计算能力，为企业降本、增效、提质。可见，数据、算力和算法是工业大脑的三大核心要素。数据是智能制造的核心生产资料，是驱动产业链中各环节的关键；算力是从生产制造过程产生的海量数据中挖掘信息的基础；算法则引导数据与算力发挥其最大作用，是数据与算力的助推器。与此同时，以 5G、时间敏感型网络（Time Sensitive Network，TSN）为代表的现代通信网络凭借其高速度、广覆盖、低时延等特点发挥着连接作用，让三大核心要素发挥出新价值。

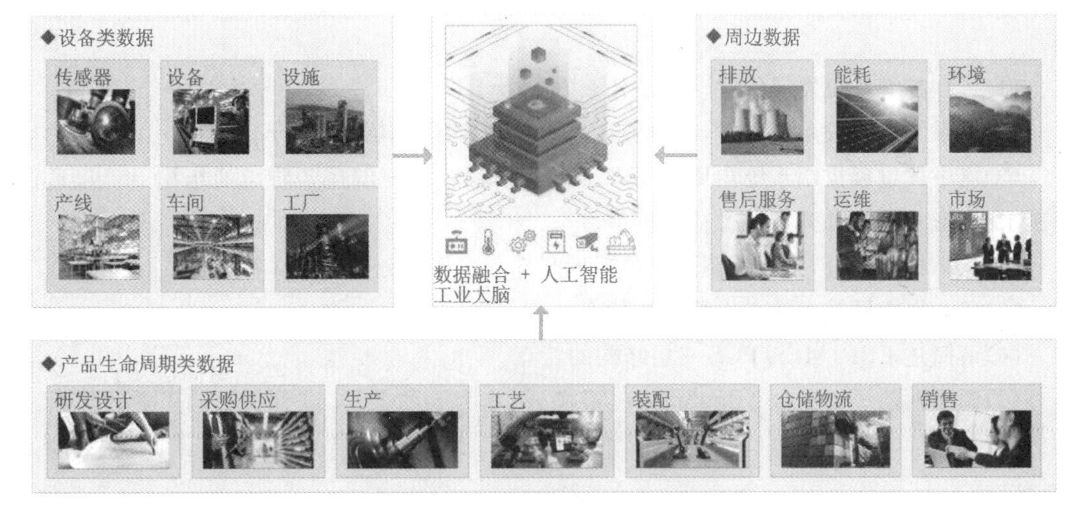

图 1-5　工业大脑集成的三大类数据

3. 通用电气的航空发动机数字孪生技术

数字孪生的概念最早由美国国家航空航天局提出，旨在使用物理特性模型、实时传感数据和飞行历史信息，形成飞机全生命周期的镜像。数字孪生的概念不断被拓展，大多将其定义为物理实体的一个镜像模型，这个模型通过传感器实时获取物理实体的数据，并随着此物理实体一起演变、一起成熟，甚至一起衰老，反映物理实体的全生命周期过程，从而为预测性的管理与决策提供支撑。美国通用电气研发的航空发动机设计与故障预测系统是数字孪生技术的典型应用，通过数字孪生技术为航空发动机构建了一个数字“双胞胎”，与人工智能算法结合后形成优化设计与故障预测模型。该模型可为发动机的设计提供若干个方案，工程师再从中选择，大大缩短了设计周期，降低了设计难度；该模型还能实时预测发动机故障（如压缩机受损或涂层腐蚀受损等），优化发动机检测频率，降低检测与维护成本。

4. 谷歌的 DeepMind

2016 年，DeepMind 研发的 AlphaGo 横空出世，打遍棋坛无敌手，给人工智能研究领域带来了巨大震撼，人工智能研究渐入高潮，未来有望引爆新一轮技术革命。之后，DeepMind 在 AlphaGo 的基础上进行了 3 次突破。初代 AlphaGo 基于人类棋手的比赛数据和游戏规则，采用了深度神经网络和树状搜索方法，成为了精通围棋的人工智能棋手；2017 年研发的 AlphaGo Zero 只基于游戏规则，通过两个机器对抗的方式即可获得最佳模型；2018 年 AlphaZero 诞生，在围棋、国际象棋、日本将棋中均达到世界顶级水平；2020 年，MuZero 算法在 *Nature* 上发表，该算法在不知道游戏规则的情况下自学规则，在精通围棋、国际象棋、日本将棋的同时，在 30 款雅达利游戏上全面超越人类和其他人工智能算法，人工智能展现出了巨大的潜力。但是，针对环境开放、任务多样、目标繁多、对象机理复杂，对安全性与可解释性要求高的流程工业，人工智能如何赋能流程工业智能制造，是未来重要的研究方向。

习 题

(1)过程控制系统发展的驱动力是什么？

(2)从系统实现的角度出发，简要叙述过程控制系统及其组成部分。

(3)集中式过程控制系统主要经历了哪几个阶段？简要叙述各阶段的结构、特点、适用范围、实现形式及设计开发过程注意事项。

(4)从结构上划分，集散控制系统包括哪几部分？作用分别是什么？

(5)工业以太网技术的产生背景是什么？

(6)请简述 ERP/MES/PCS 三层结构的特点。

(7)调研西门子云平台 MindSphere、浪潮云、华为云的架构，试分析不同工业云平台之间的异同点。

第二章　可编程逻辑控制器

可编程逻辑控制器(Programmable Logic Controller, PLC)是一种高可靠性的、通用的工业自动控制装置,被广泛地应用于各种生产机械和生产过程的自动控制中,被认为是现代工业自动化的三大支柱(PLC、机器人、计算机辅助设计与制造)之一。1969 年,第一台 PLC 于美国诞生,通过软件编程的形式代替了基于继电器硬接线的逻辑控制电路设计,大大降低了接线难度,设计灵活,维护方便。在市场需求、计算机技术和通信技术等相关技术的驱动下,PLC 与时俱进,功能不断完善,应用领域不断拓宽,在自动化领域始终占有一席之地。本章首先分析 PLC 的产生与发展历程;其次介绍其基本原理及技术特点;最后以西门子系列 PLC 为对象,分析其具体功能。

第一节　产生与发展

PLC 的产生源于汽车生产过程对安全可靠、配置灵活的电气控制系统的迫切需求。PLC 的发展始终与时俱进,随着工业市场的要求而变化,及时与微处理器技术、网络技术等融合,展现出强大的生命力。在产业转型升级的智能化时代,PLC 已具备新的基础,同时面临新的需求与挑战。本节主要分析 PLC 产生的时代背景,呈现其发展历程及背后的驱动力,并展望未来的发展方向。

一、可编程逻辑控制器的产生

PLC 的产生与汽车工业的实际需求密切相关。1913 年,美国福特汽车公司启用了汽车工业的第一条生产流水线,大大提高了汽车制造效率;“二战”期间,美国汽车大量出口,促进了其汽车工业的发展,汽车巨头已具有相当规模,如美国通用汽车公司;20 世纪 60 年代,汽车小型化的热潮席卷欧美,促使汽车改型升级,汽车生产商则面临生产线全面改造,在强大的制造业驱动下,美国需要更先进的生产工具来推动其制造业的发展。电气控制系统是汽车生产线的中枢,主要通过导线连接大量继电器进行构建,价格低廉,但配线复杂、体积庞大、可靠性低、灵活性差,与汽车高效改型、生产线灵活改造的矛盾日益突出。

1968 年,美国通用汽车公司迫切需要一种新型的工业控制器来取代继电器控制装置,降低汽车改型时电气控制系统的设计时间与成本,快速响应市场需求。为此他们提出了 10 条技术指标在社会上公开招标,即著名的“通用十条”,具体为:①编程简单,可以在现场修改和调试程序;②维护方便,采用插入式模块式结构;③可以在恶劣环境下工作,可靠性高于继电器机柜;④体积小于继电器机柜;⑤在成本上可以与继电器控制柜相竞争;⑥可以将数据直接送入管理计算机;⑦输入输出为115V交流电;⑧输出量为115V、2A以上,能直接驱动电磁阀、接触器等;⑨通用性强,易于扩展,系统扩展时原系统只需要很小的改动;⑩存储设备可以扩充至4kB。

1969年,美国数字设备公司根据"通用十条",研制出了第一台可编程逻辑控制器PDP-14(图2-1),并在美国通用汽车公司的生产线上试用成功。汽车制造商原本要6~9个月的时间才能使新产品上市,用了PLC后就只需要6~9周,PLC在汽车工业应用大获成功,后逐渐渗透到过程控制系统中。传统的过程控制系统有两类设备:带有控制器、记录仪、显示器的控制面板;用于顺序控制和安全联锁的继电器柜子。控制面板被集散控制系统取代,继电器柜子则逐渐被PLC取代。

图2-1 美国数字设备公司研发的PDP-14

随着用户需求的变化和相关技术的发展,PLC技术一直在与时俱进,不断创新,快速地吸收好的技术,在性能、功能、易用性和产品形态等方面几经变革,已成为以微处理器为核心,自动化技术、计算机技术、通信技术相融合的通用控制器,主要经历了以下几个发展阶段。

1969年至20世纪70年代中期是PLC初创时期,此阶段PLC仅用于替代传统的继电器控制,其中央处理单元(Central Processing Unit, CPU)由小规模数字集成电路构成,功能较为简单,只能实现逻辑运算、定时和计数;70年代中期至末期,随着8位微处理器的问世,PLC快速融合了微处理器技术,运算速度更快、体积更小,具有模拟量运算、PID调节等更强大的功能,PLC进入了实用化发展阶段。80年代,PLC充分结合了迅猛发展的计算机网络技术,初步形成了分布式的通信网络体系,数字运算功能得到扩充,产品的可靠性更强;但是,缺乏统一的通信标准,不同厂商产品间的通信较为困难。

1987年,国际电工委员会对PLC进行定义:PLC是一种数字运算操作的电子系统,专为工业环境中的应用而设计;它采用可编程序的存储器,存储执行逻辑运算、顺序控制、定时、计数和算术运算等操作的指令,并通过数字和模拟的输入、输出,控制各种类型的机械或生产过程。PLC 及其有关设备都应按易于和工业控制系统形成一个整体，易于功能扩充的原则设计。

1993 年，国际电工委员会制定了关于编程语言的标准——IEC 61131-3 标准，规范了 PLC 的编程语言及其基本元素，为 PLC 的开放化奠定了坚实的基础；20 世纪 90 年代，最新的微处理器被应用于 PLC 中，功能更强大，功耗、成本更低，编程和故障检测更灵活方便，人机交互界面逐渐完善。进入 21 世纪，信息技术飞速发展，用户对 PLC 开放性的需求日益强烈，在保留 PLC 功能的前提下，采用开放式通信接口，PLC 产品的封闭状态正在逐步被打破。

二、可编程逻辑控制器的发展趋势

随着人工智能、云计算、工业互联网等技术发展和智慧工厂转型升级，对控制系统智能化、网络化、安全化要求更为突出。在智能化方面，要求控制系统能够支持更为复杂的算法，具有自我优化、参数自整定、数据分析处理等能力。在网络化方面，需要系统具有丰富的网络接口和协议，并实现网络资源软件定义。在安全化方面，要求系统具有强大的安全能力，在保证数据交互的同时，需要保证数据和系统的安全，如数据传输的加密解密，数据完整性检查，以及网络和控制行为的安全审计。PLC 的发展趋势主要体现在以下 3 个方面：

(1)性能不断提升，设计更加灵活方便。在高性能处理器和大容量存储器的支撑下，PLC 的运算速度更快，输入/输出(Input/Output，I/O)接口扩展数量更多，数据处理能力更强。在现有逻辑运算、过程调节、运动控制的基础上，PLC 将支持人工智能等先进算法。PLC 控制系统的构建将会向可视化、简易化方向发展，在图形化界面中通过拖拽功能模块，如智能算法模块、PID 模块、高速计数模块、温度检测模块、位置检测模块、运动控制模块、通信和人机接口模块，即可实现系统的配置。可降低 PLC 编程人员的门槛，提高工作效率，增强系统设计的灵活性。

(2)通信功能不断增强，标准开放接口更丰富。一般的 PLC 均支持多种有线与无线通信方式，为泛在互联提供有效支撑。在构建工业互联网的过程中，作为现场信号处理的核心单元，PLC 不仅要同现场各类智能设备进行信息交互，还要与上层监控平台进行信息交互。标准化的开放接口可使相关软件、硬件的工作解耦，构成一个个相互独立且协同工作的智慧单元。

(3)可靠性和信息安全功能更具保障。在严苛的工业应用环境中，PLC 应能稳定地运行，同时应该保证 PLC 控制系统失效时不会对人员或过程造成危害，要求系统具有自我诊断能力，可以检测硬件状态、程序执行状态和操作系统状态，增强 PLC 的可靠性。随着 PLC 通信方式的增加、通信功能的增强，PLC 遭受网络攻击、数据窃取的风险显著增加，必须增强信息安全防护，在 PLC 中深度融合信息安全功能。

第二节　技术与特点

本节主要分析 PLC 的系统组成、工作原理，以及奠定其在自动控制系统中重要地位的主要特点和优势。

一、可编程逻辑控制器的系统组成

可编程逻辑控制器的系统组成包括硬件和软件两个部分。PLC的硬件结构与微型计算机基本相同(图2-2),包括中央处理单元、程序存储器、数据存储器、输入/输出单元、电源模块和设备通信接口等。下面详细介绍硬件结构各单元的功能。

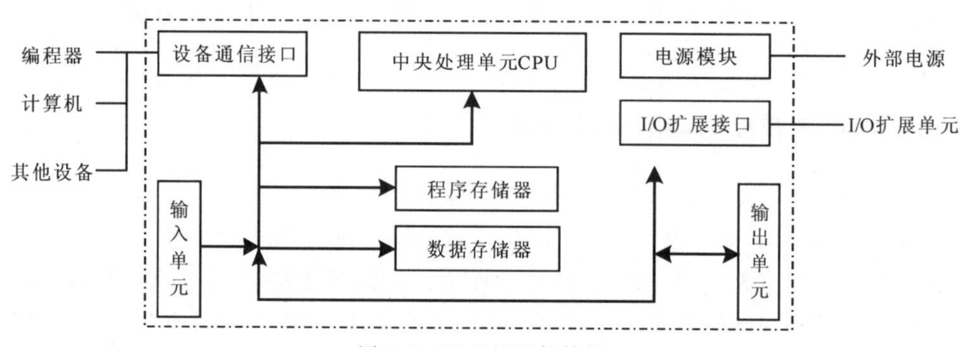

图2-2 PLC的硬件结构

1. 中央处理单元CPU

中央处理单元CPU相当于PLC的大脑,采集输入信号,执行用户程序,刷新系统输出。PLC的CPU一般由微处理器芯片或单片机芯片担任。CPU在系统程序的配合下,完成以下工作:接收并存储从编程器输入的用户程序和数据;诊断电源、PLC内部电路工作状态和编程过程中的语法错误;从程序存储器中读取用户程序,经编译程序解释后转化为相应的机器码,按机器码产生相应的控制信号,完成用户程序规定的运算任务和控制任务;用扫描、中断方式接收现场输入设备的状态信息,并存入相应的存储单元;按要求输出相应的运算结果和控制信号;控制打印、显示、通信等工作的执行。

2. 程序存储器

PLC的程序存储器可分为系统程序存储器和用户程序存储器。系统程序存储器用来存放厂家系统程序,系统程序是系统的监控管理、故障检测、指令解释、标准程序模块与系统调用等运行于操作系统级的程序,它保证PLC具有基本功能,不需用户干预,由厂家直接固化到可擦可编程只读存储器(Erasable Programmable Read Only Memory, EPROM)中完成PLC各项控制任务。用户程序存储器用来存放用户编写的程序,其内容可由用户任意修改或增删。用户编好程序后输入到PLC中带有后备电源的随机存取存储器(Random Access Memory, RAM)中,经调试修改后,可以固化到EPROM、带电可擦可编程只读存储器(Electrically Erasable Programmable Read Only Memory, EEPROM)中长期使用,现在也有很多PLC采用Flash存储卡存储用户程序。

3. 数据存储器

数据存储器是用来存放I/O状态,中间继电器状态,定时器、计数器的设定值和现在值,各种运算的源数据和结果数据,状态标志位等。

4. 输入/输出单元

输入/输出单元是 PLC 与外部现场设备连接的通道。输入单元接收和采集输入接口的信号，可以是按钮、限位开关、接近开关、光电开关等开关量信号，也可以是电位器、各类仪表等产生的模拟量信号。输出单元可控制继电器、电磁阀、电磁铁、指示灯、报警装置等开关量器件，伺服驱动器等数字量器件，以及变频器、电动调节阀等模拟量器件。直流输入单元和交流输出单元等效电路图如图 2-3 和图 2-4 所示。

输入/输出单元包括控制用 I/O 接口、外设用 I/O 接口和扩展用 I/O 接口。控制用 I/O 接口是 CPU 与现场的被控 I/O 设备之间的连接部件。外设用 I/O 接口是与保证 CPU 正常工作的外部设备进行通信的接口，必备的外部设备是编程器；通过外设用 I/O 接口还可以实现 PLC 之间、PLC 与上位机之间的通信。扩展用 I/O 接口可用来外接扩展的控制用 I/O 接口，增加 PLC 的输入/输出能力。

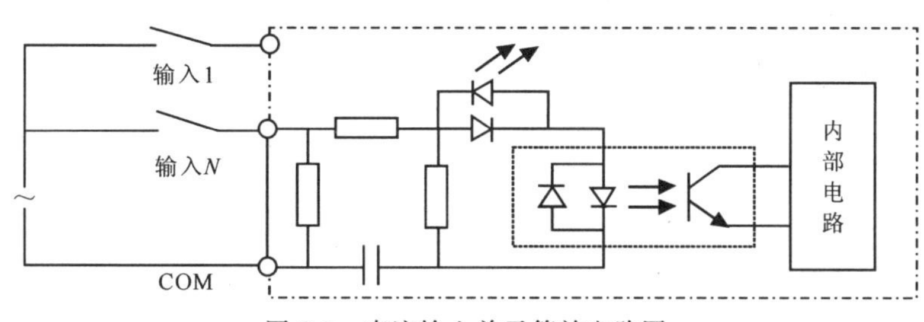

图 2-3　直流输入单元等效电路图

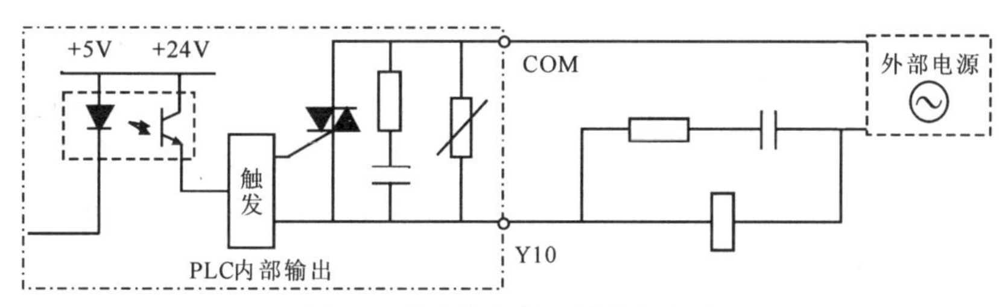

图 2-4　交流输出单元等效电路图

5. 电源模块

电源模块提供 PLC 正常工作的各种电压，平稳可靠的电源电压是 PLC 正常工作的首要条件。PLC 的外接功率电源是 220V 交流电源、110V 交流电源或 24V 的直流电源，通过电源模块变换为 PLC 需要的电压，包括各硬件模块的供电电压，以及 I/O 单元的输出电压，如 PLC 需要向外部负载提供一定功率的直流电压信号。

后备电源同样属于电源模块，如干电池或锂电池。一般的数据存储器 RAM 芯片掉电后数据会自动擦除，部分 PLC 为了保证 RAM 芯片在 PLC 断电后仍保持数据，装有干电池或锂电池，电池需定期更换；将 EEPROM 作为数据存储器的 PLC，掉电后数据不丢失。

6. 编程器

编程器供用户进行程序的编制、编辑、调试和监视，可用来生成用户程序，并用它进行检查、修改，对 PLC 进行监控等。可使用编程软件在计算机上直接生成用户程序，再下载到 PLC 进行系统控制，也可采用体积小、价格便宜的手持编程器，由于其只能输入和编辑指令表，常用于现场调试和维护。随着以太网口在 PLC 上的大量使用，现场编程和调试工作主要采用笔记本电脑进行。

根据 PLC 硬件系统的结构形式进行分类，可主要分为一体化 PLC 和模块式 PLC（图 2-5）。

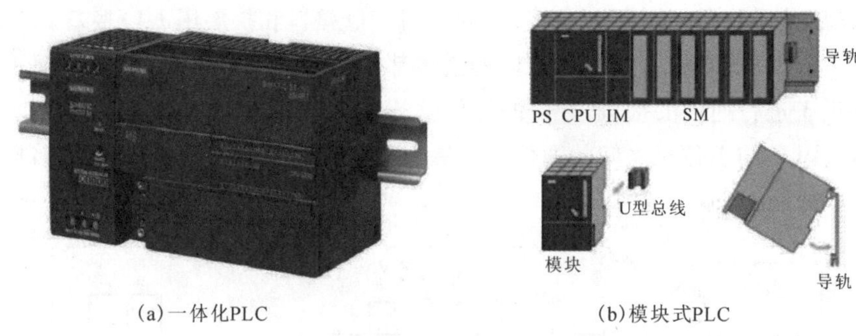

(a)一体化PLC　(b)模块式PLC

图 2-5　一体化 PLC 和模块式 PLC

（1）一体化 PLC。它是把 CPU、存储器、输入输出模块、电源都装入一个金属或塑料外壳的机箱之中，称为主机。机箱上有输入/输出接线端子排及电源进线端子，可通过机箱上的发光管反映 PLC 运行模式和输入/输出点状态。一体化 PLC 的 I/O 通道数（点数）一般无法拓展，且数量不多，如 10 点、24 点、32 点、40 点、60 点等。

（2）模块式 PLC。它把 PLC 系统的各组成部分划分为多个独立的模块，使用时按需选取模块，在一个框架上进行组装，或通过各模块的插口，把各模块依次插接在一起，形成一个完整的 PLC 系统。一般模块有 CPU 模块、输入模块、输出模块、混合模块、特殊功能模块、接口模块、电源模块。

根据 I/O 点数的多少进行划分，将 PLC 分为小、中、大 3 种类型，如表 2-1 所示。在 PLC 中一般将一路信号叫作一个点，将输入点数和输出点数的总和称为 PLC 的点数。这种划分方式会随着技术的发展动态地修改。

表 2-1　PLC 按 I/O 点数的分类说明

种类	特点
小型 PLC	I/O 点数＜256 点；单 CPU，8 位或 16 位处理器，用户存储器容量 4kB 以下。小型及超小型 PLC 在结构上一般是一体化整体式的，主要用于中等容量的开关量控制，具有逻辑运算、定时、计数顺序控制、通信等功能
中型 PLC	I/O 点数 256～2048 点；双 CPU，用户存储器容量 2～8kB。中型 PLC 除具有小型、超小型 PLC 的功能外，还增加了数据处理能力，适用于小规模的综合控制系统
大型 PLC	I/O 点数＞2048 点；多 CPU，16 位或 32 位处理器，用户存储器容量 8～16kB

前面分析了 PLC 的硬件系统及其分类，PLC 的软件系统也非常重要，具体指 PLC 使用的各种程序的集合，包括系统程序和用户应用程序。

(1)系统程序。它又被称为系统软件。它包括 PLC 整个系统及各部分的管理程序、监控程序、系统故障检测程序或故障诊断程序、PLC 指令系统的解释等程序。系统程序一般由 PLC 采用的微处理器相应的汇编语言编写，由厂家提供，固化在 EPROM 中，其直接关系到 PLC 性能和功能的高低。系统程序一般不能也不需要由用户干预。

(2)用户应用程序。它是用来实现用户的控制要求的应用程序，由用户编制。编制用户应用程序使用的不是原来的汇编语言，而是 PLC 的指令系统，这是由原来的汇编语言开发出来的 PLC 的程序语言。用户应用程序由用户使用专用编程器或通用微机输入到 PLC 内存中。

PLC 的程序语言或指令系统，当前主要是梯形图语言(LadderLogic Programming Language, LAD)及与梯形图相对应的助记符语句指令(类似汇编语言)，也有 PLC 采用流程图语言、顺序功能图(Sequential Function Chart, SFC)语言或专用高级语言。除厂家提供的专用编程软件外，也有像使用 C 语言这样高级通用语言的编程软件，如 Codesys 软件。

二、可编程逻辑控制器的工作原理

PLC 采用周而复始的循环扫描工作方式，如图 2-6 所示。工作时，CPU 从第一条指令开始，按指令步序号从头到尾作周期性的循环扫描，执行用户程序。若无跳转指令，则从第一条指令开始逐条顺序执行用户程序，遇到结束符后又返回第一条指令，开始新一轮循环。

图 2-6　PLC 的工作方式示意图

PLC 在运行工作状态时，执行一次扫描操作所需要的时间称为扫描周期，一般为毫秒级。扫描周期又可分为输入采样、程序执行、输出刷新 3 个阶段，工作过程如图 2-7 所示。

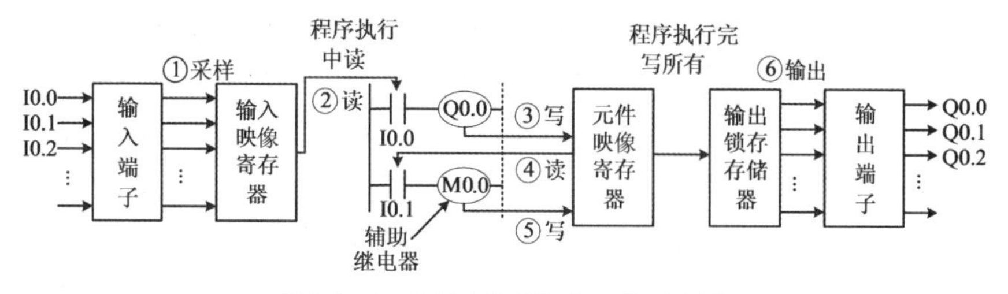

图 2-7　PLC 用户程序扫描工作过程图

1. 输入采样阶段

在输入采样阶段，PLC 以扫描方式依次地读入所有输入状态和数据，并将它们存入 I/O 映像区中相应单元内。在 PLC 的存储器中，有一个专门存放输入/输出信号状态的区域称为输入映像寄存器和输出映像寄存器，PLC 梯形图中别的编程元件也有对应的映像存储区，称为元件映像寄存器。要注意的是，只有在输入采样阶段，输入映像寄存器的内容才与输入端子信号一致，而在输入采样结束后，转入用户程序执行和输出刷新阶段。在这两个阶段中，即使输入状态和数据发生变化，输入映像寄存器中的相应单元的状态和数据也不会改变。因此，如果输入是脉冲信号，则该脉冲信号的宽度必须大于一个扫描周期，才能保证在任何情况下，该输入均能被读入。

2. 程序执行阶段

在用户程序执行阶段，PLC 总是按由上而下的顺序依次地扫描用户程序（梯形图）。在扫描每一个梯形图网络时，又总是先扫描梯形图左边的由各触点构成的控制线路，并按“先左后右、先上后下”的顺序对由触点构成的控制线路进行逻辑运算。元件映像寄存器（含输出映像寄存器）在 PLC 用户程序中，其状态随程序执行情况而发生相应的改变。

3. 输出刷新阶段

当扫描用户程序结束后，PC 就进入输出刷新阶段，输出映像寄存器内容才被写到外部端子。在此期间，CPU 按照输出映像区内对应的状态和数据一次性刷新所有的输出锁存电路，再经输出电路驱动相应的外设，这时才使 PLC 真正地输出到外部设备上。正是 PLC 的这种周而复始的循环扫描工作方式，使得 PLC 对输入信号的响应至少存在 1 个周期的时延。

输入/输出映像寄存器集中在一起就是 I/O 映像区，其大小随系统输入/输出的点数而定。I/O 映像区的设置，使得 CPU 执行用户程序所需信号状态及执行结果都与 I/O 映像区产生联系，只有 CPU 扫描执行到输入/输出服务过程时，CPU 才从实际的输入点读入相关信号状态，存放于输入映像区，并将暂时存放在输出映像区内的运行结果传送至实际输出点。

三、可编程逻辑控制器的特点

PLC 种类多样，根据硬件系统按结构形式有一体化 PLC 和模块式 PLC，按 I/O 点数多少可分为小型、中型、大型。PLC 分类标准、种类虽不同，但都具有以下共同特点。

1. PLC 的工作特点

（1）可靠性高、抗干扰能力强。PLC 的平均无故障时间可达几十万个小时，主要由硬件和软件两个方面的特点决定。在硬件方面，I/O 接口采用光电隔离，有效地抑制了外部干扰源的影响；对供电电源及线路采用多种形式的滤波，从而消除或抑制了高频干扰；对 CPU 等重要部件采用良好的导电、导磁材料进行屏蔽，以减少空间电磁干扰；对有些模块设置了联锁保护、自诊断电路等。在软件方面，采用扫描工作方式，减少了外界的干扰；设有故障检测和自诊断程序，能对系统硬件电路等故障实现检测和判断；当由干扰引起故障时，能立即将当前重要信息加以封存，禁止任何不稳定的读写操作，一旦正常后，便可恢复到故障发生前的状态，继续原来的工作。

（2）编程简单、操作使用简单。目前，PLC 多采用梯形图语言为第一编程语言。梯形图与电器控制线路图相似，形象、直观，不需要掌握大量计算机知识，广大工程技术人员容易掌握。当生产流程需要改变时，可以现场改变程序，使用方便、灵活。同时，PLC 编程器的操作和使用简单，许多 PLC 还针对具体问题，设计了各种专用编程指令及编程方法，进一步简化了编程。

(3)功能完善、通用性强。现代 PLC 不仅具有逻辑运算、定时、计数、顺序控制等功能，还具有 A/D 和 D/A 转换、数值运算、数据处理、PID 控制、通信联网等许多功能。同时，由于 PLC 产品的系列化、模块化，有品种齐全的各种硬件装置供用户选用，可以组成满足各种要求的控制系统。

(4)设计安装简单、维护方便。由于 PLC 用软件代替了传统电气控制系统的硬件，控制柜的设计、安装接线工作量大大减少。PLC 的用户程序大部分可在实验室进行模拟调试，缩短了应用设计和调试周期。在维修方面，由于 PLC 的故障率极低，维修工作量很小；而且 PLC 具有很强的自诊断功能，如果出现故障，可根据 PLC 上指示或编程器上提供的故障信息迅速查明原因，维修方便。

(5)结构紧凑、体积小、质量轻、能耗低。PLC 结构紧凑、体积小、能耗低，是实现机电一体化的理想控制设备。

2. PLC 控制与继电器控制系统的区别

PLC 出现以前，继电器硬接线电路是逻辑、顺序控制的唯一执行者，它结构简单、价格低廉，一直被广泛应用。PLC 出现后，多方面都优于继电器控制，两者对比如表 2-2 所示。

表 2-2　PLC 控制与继电器控制系统的比较

项目	继电器控制	PLC 控制
控制逻辑	硬接线逻辑	存储逻辑
控制速度	毫秒级	微秒级
限时控制	精度差	精度高
设计与施工	周期长，修改困难	周期短，修改方便
可靠性与可维护性	差	好
价格	便宜	较贵

控制逻辑上，继电器控制系统采用硬接线逻辑，利用物理继电器机械触点的串联或并联及延时继电器的滞后动作等组合成控制逻辑，接线多而复杂，体积大，功耗大；另外，继电器触点数目有限，每个只有 4～8 对触点，灵活性和扩展性差。PLC 采用存储器逻辑，其控制逻辑以程序方式存储在内存中，改变程序即可改变控制逻辑，称为“软接线”，体积小，灵活性和扩展性好。

工作特点方面，PLC 采用集中采样、集中输出、周期性循环扫描串行工作方式，在程序处理阶段即使输入发生了变化，输入映像寄存器中的内容也不会改变，直到下一周期的输入采样阶段。PLC 是“串行”工作方式，所以 PLC 的运行结果与梯形图程序的顺序有关。继电器控制系统则是“并行”工作方式，可能出现触点的临界竞争，需要繁琐的联锁电路。

在控制速度和精度上，继电器控制系统由触点开闭实现控制作用，动作速度为几十毫秒，极易出现抖动，存在逻辑竞争问题；PLC 由半导体电路实现控制作用，每条指令执行时间在微秒级，且不会出现触点抖动的问题。

在限时控制上，继电器控制系统由时间继电器实现限时控制，精度差且易受环境影响；PLC由半导体集成电路实现，精度高，时间设置方便，且不易受环境影响。此外，PLC还有网络通信功能，可附加高性能模块对模拟量进行处理，实现复杂控制功能。

3. PLC与微型计算机系统的区别

PLC基于微电子技术制造，与微型计算机一样也由CPU、ROM、RAM、I/O接口等组成，但又不同于一般的微机。PLC特别采用了特殊的抗干扰技术，从应用范围上来看，PLC更适合于工业控制，属于专用的通用计算机，而微型计算机是通用的专用计算机。

PLC与微型计算机的主要差异及各自的特点如表2-3所示。微型计算机除了用于控制领域外，还大量用于科学计算、数据处理、计算机通信等方面；PLC主要用于工业控制。微型计算机对环境要求较高，一般要在干扰小、具有一定的温度和湿度要求的机房内使用；PLC直接在工业现场使用。微型计算机系统的I/O设备与主机之间通过弱电联系，一般不需要电气隔离；而PLC一般控制强电设备，需要电气隔离，输入、输出均用光电耦合，输出采用继电器，可控硅或大功率晶体管进行功率放大。

表2-3 PLC与微型计算机系统的区别

项目	PLC	微型计算机
应用范围	工业控制	科学计算、数据处理、计算机通信等
使用环境	工业现场	具有一定温度、湿度的机房
输入/输出	控制强电设备，需光电隔离	与主机采用弱电联系，不需光电隔离
程序语言	一般为梯形图语言，易于学习和掌握	程序语言丰富，语句多复杂
系统功能	自诊断、监控等	配有较强的操作系统
工作方式	循环扫描方式及中断方式	中断方式

由于PLC的自身特点和优势，在工业控制中得到了广泛的应用，如冶金、化工、电力、机械、运输和建筑等众多领域。它的应用范围大致介于继电器控制装置与工业过程控制计算机之间，适用于控制功能要求较为复杂，输入、输出通道较多的场合。

第三节　西门子系列可编程逻辑控制器

PLC的知名生产厂家包括西门子(Siemens)、施耐德(Schneider)、A－B(Allen-Bradly)、通用电气(General Electric)、三菱(Mitsubishi)，以及国内的和利时、台达等公司。西门子的主要产品是SIMATIC S7系列；施耐德公司的典型产品有小型的NEZA、中型的Premium；A－B公司产品规格齐全、种类丰富，主推大、中型PLC产品；通用电气公司的代表产品是小型机GE-I、GE-I/J等；三菱公司的典型产品包括小型的FX2N系列、中大型的QnA和Q系列；和利时PLC主要有小型的LM系列和大型的LK系列；台达公司的PLC以运行速度快、可靠性高、指令集丰富为优势。

西门子的 PLC 在我国应用较为广泛。代表的 S7 系列 PLC 通信功能强大，可以方便地接入西门子开发的实现 PLC 通信的多点接口（Multi Point Interface, MPI）网、Profibus 网和工业以太网；涵盖微型、中小型和大型。微型 PLC 有 S7-200、S7-1200、S7-1500；中小型 PLC 有 S7-300，可扩展 32 个模块；中高性能的大型 PLC 有 S7-400，可扩展 300 多个模块。本节主要对 S7-300 和 S7-400 两个型号进行介绍。

一、S7-300 系列的可编程逻辑控制器

S7-300 由多种模块部件组成，各种模块可通过不同方式组合，控制系统设计更加灵活，满足多种应用需求。各模块安装在 DIN 标准导轨上，并用螺丝固定，可靠方便，且满足电磁兼容要求。背板总线集成各模块，将总线连接器插在模块背后，使背板总线连成一体。在一个机架上最多可并排安装 8 个模块（不包括 CPU 模块和电源模块）。

1. CPU 分类

中央处理单元 CPU 是控制系统的核心，负责系统的中央控制，存储并执行程序。S7-300 有各种不同性能档次的 CPU 模块供使用，常用的有标准型和紧凑型。标准 CPU 提供基本的应用功能，如指令执行、I/O 读写、通过 MPI 和通信模块进行通信；紧凑型 CPU 具有本机集成 I/O，并带有高速计数、频率测量、定位和 PID 调节等技术功能。

（1）标准型 CPU：CPU312、CPU313、CPU314、CPU315、CPU315-2DP 和 CPU316-2DP。

（2）紧凑型 CPU：CPU312C、CPU313C、CPU313C-PtP、CPU313-2DP、CPU314C-PtP 和 CPU314-2DP。

S7-300 的指令集包含 350 多条指令，包括位指令、比较指令、定时指令、计数指令、整数和浮点数运算指令等。CPU 的集成系统功能提供了丰富的中断处理和诊断信息等一类系统功能，由于它们集成在 CPU 的操作系统中，节省了很多 RAM 空间。采用类似 C 语言程序结构的编程思想，拥有数组、结构体、字符串、指针、时间日期、用户自定义等复杂数据类型，极大地提高了复杂任务的处理能力和实现灵活的程序开发；另外采用逻辑功能块方式进行用户程序构建，也增强了用户程序的组织与管理能力，如采用变量实现的功能块/功能/数据块，可进行程序移植；丰富的组织块实现了多级多层中断处理，标准化的系统功能块/系统功能库及用户逻辑块间的多层调用能力，降低了用户编程的复杂度，可缩短项目的开发时间。

2. 其他模块介绍

S7-300 模块种类齐全，具有独立的电源（Power Supply, PS）、接口模块（Interface Module, IM）、信号模块（Signal Module, SM）、功能模块（Functional Module, FM）、通信模块（Communication Module, CM），通过 U 型总线固定在 S7-300 标准导轨上，如图 2-8 所示。

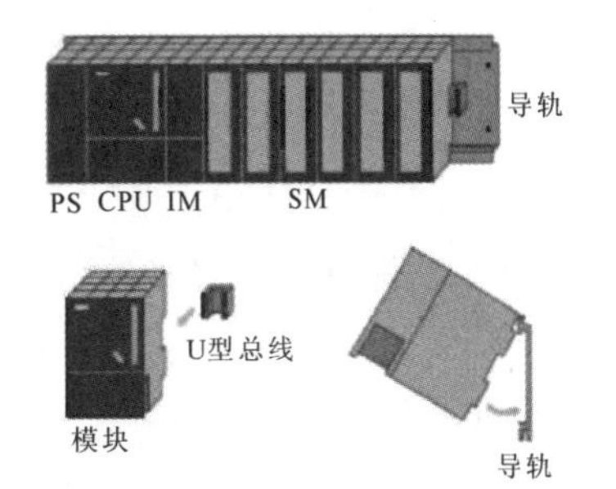

图 2-8　S7-300 组合单元及装配示意图

电源模块将市电转换为24V直流电供给PLC系统使用；接口模块用于SIMATIC S7-300多层机架配置时，连接主机架和扩展机架；信号模块包括数字量输入(Digital Input，DI)、数字量输出(Digital Output，DO)、模拟量输入(Analog Input，AI)、模拟量输出(Analog Output，AO)；功能模块是实现特殊功能的模块，如高速计数、定位控制、闭环控制和占位模块等；通信模块是组态网络使用的接口模块，常用的网络有Profibus、工业以太网及点对点等连接网络。

3. 编程工具

STEP7是用于SIMATIC PLC组态和编程的基本软件包。它包括适用于各种自动化项目任务的工具，主要用于集中管理所有工具以及自动化项目数据的SIMATIC管理器；用于以LAD、FBD和STL语言生成用户程序的程序编辑器；用于管理全局变量的符号编辑器；用于组态和参数化硬件的硬件组态；用于诊断自动化系统状态的硬件诊断；用于组态MPI和Profibus等网络连接的NetPro。

此外，工程工具是STEP7的可选组件，它面向特定功能，能简化和增强自动化任务的编程，主要包括下列编程工具：

(1)结构化控制语言S7-SCL。S7-SCL是基于PASCAL的高级语言，符合DIN EN/IEC 61131-3中定义的高级文本语言ST(结构化文本)。S7-SCL尤其适用于复杂算法和算术功能的编程以及数据处理任务。

(2)SIMATIC软件包S7-GRAPH。S7-GRAPH是基于STEP7编程软件。可用于交替或并行执行程序段顺序，该顺序可在标准化的用户界面中进行直观、快速组态与编程(符合标准IEC 61131-3，DIN EN 61131)。

(3)连续功能图(Continuous Function Chart，CFC)。CFC工程工具专为工厂需要进行组态和编程的工程师而备。使用CFC，可在参数输入工作量最小化的同时，将工艺技术参数转换为可执行的自动化系统程序。它只需将预制模块链接在一起，再设置参数即可，无需高级编程语言。

4. 通信及扩展

S7-300支持的通信网络包括4类：工业以太网(IEEE 802.3/802.3u)供控制级和单元级联网使用的国际标准；Profibus(IEC 61158/EN 50170)供单元级和现场使用的国际标准；AS-Interface(EN 50295)与传感器和执行机构进行通信的国际标准；多点接口MPI供CPU、PG/PC以及TD/OP相互之间通信使用，点到点的连接供两个节点之间，以专用的通信协议进行通信使用。

(1)过程或现场通信。它用来将执行机构和传感器连接到CPU，这种连接可以通过集成在CPU上的接口或接口模块IM、功能模块FM和通信模块CM来实现。另外，AS-I和Profibus-DP网也支持过程或现场通信。

(2)数据通信。它是指可编程控制器相互之间的数据传送，或一台可编程控制器和智能设备(如PC机)之间的数据传送。数据通信是经由多点接口MPI、Profibus或工业以太网来完成的。

(3)扩展功能。若控制任务需要使用的模块数多于 8 个,则 S7-300 的中央控制器可用扩展机架加以扩展。最多可有 32 个模块与中央控制器相连,每个扩展机架最多可以放置 8 个模块。各机架之间的通信由接口模块 IM 自动处理。若设备分布较分散,则中央控制器和扩展机架可以分开安装,距离最远为 10m,单机架配置时,最大配置 256 个 I/O,而多机架配置时,最多可达 1024 个 I/O。对于使用 Profibus-DP 的分布式系统,最多可以连接65 536 个 I/O。

5. 地址分配

(1)地址的概念。地址是控制过程中程序的通道号,其目的是把用户程序的输出/输入通道信息与模块的输出/输入通道相对应。通常把程序通道号称为逻辑地址,模块的通道号称为物理地址。西门子 PLC 的物理地址和逻辑地址可进行用户自由组态,逻辑地址和物理地址要求一一对应,而且是唯一的。

(2)物理地址。它是固定在模块上的,物理地址与逻辑地址对应关系取决于模块安装在哪个机架、在该架的哪个槽和该模块的哪个通道。

(3)逻辑地址。原则上可以自由选择,它只是在程序中的一个代码(唯一),在编程时可以不用考虑物理地址。在硬件组态的时候才把逻辑地址与物理地址建立对应关系。

(4)默认地址。通常情况下,在组态硬件时,默认把物理地址和逻辑地址建立对应关系,这种地址称为默认地址。下列情况中 CPU 将分配默认地址:在组态时只插入了模块,未插入接口模块 IM、功能模块 FM、通信模块 CM 和连接扩展机架;信号模块用户使用默认设置;在 STOP 或断开电源时插入的模块;无多值计算功能。

模块的默认地址只与在机架的槽号有关,可根据模块所在位置算出默认地址。数字量模块的通道一般都是按照位进行寻址,而模拟量模块一般使用字进行寻址。

二、S7-400 系列的可编程逻辑控制器

S7-400PLC 是模块化中大型 PLC,S7-400 系统的配置比较灵活,不同配置可选用不同的模块,S7-400 组合单元如图 2-9 所示,主要包括电源 PS、中央处理单元 CPU、信号模块 SM

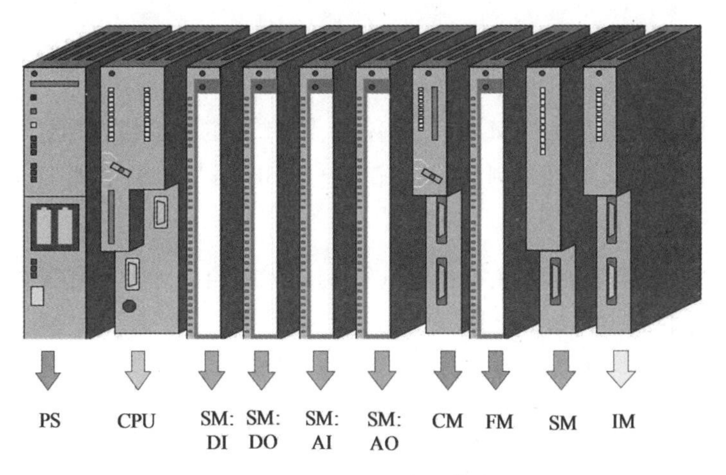

图 2-9 S7-400 的主要模块

(数字量输入DI、数字量输出DO、模拟量输入AI、模拟量输出AO)、通信模块CM、功能模块FM和接口模块IM。

1. S7-400 电源

电源在S7-400系统的作用有3个:提供所需的5V和24V的直流工作电压,输出电流规格有4A、10A和20A;通过背板总线向S7-400提供5V和24V直流电源;通过接口模块向扩展机架供电,使用冗余电源时,标准系统和容错系统可作为无故障安全系统运行。

2. S7-400 的中央处理单元

中央处理单元模块是控制系统的核心,负责系统的中央控制,存储并执行程序,实现通信功能。S7-400 CPU常用的有9款。

(1)普通性能范围:CPU412-1、CPU412-2。

(2)中等性能范围:CPU412-2、CPU414-3。

(3)高性能范围:CPU416-2、CPU416-3。

(4)顶级性能范围:CPU417-4。

(5)可配置为容错式(或兼安全型):CPU414-4H、CPU417-4H。

3. 数字量输入/输出模块

S7-400通过数字量输入模块获取传感器开关信号状态,通过数字量输出模块将开关信号传送给执行器。S7-400的数字量输入型号是SM421数字量输入模块,适用于连接开关或接近开关。数字量输出型号是SM422数字量输出模块,适用于连接电磁阀、接触器、小型电动机、灯和电动机启动器等。

4. 模拟量输入/输出模块

S7-400通过模拟量输入模块获取传感器模拟信号状态,通过模拟输出模块将模拟信号传送到执行器中(无需增加放大器)。S7-400的模拟量输入型号是SM431模拟量输入模块,适用于连接电压和电流传感器、热电偶、电阻器和热电阻,分辨率为13~16位。模拟量输出型号是SM432模拟量输出模块,适用于将从S7-400来的数字量转换为过程用的模拟量信号。

5. 功能模块

S7-400常用的功能模块有FM450-1计数器、FM451定位模板、FM452电子凸轮控制、FM453定位模板、FM455闭环控制、FM458-1 DP和SIMATIC S5智能I/O模板等。

6. 通信处理器

S7-400常用的通信处理模块有CP440、CP441-1、CP441-2、CP443-5基本型、CP443-5扩展型、CP443-1、CP443-1 IT和CP444。

7. 接口模块

S7-400的接口模块分发送接口模块和接收接口模块。常用的有IM460-0、IM460-1、IM460-3、IM463-2和IM 314(S5)。

习　题

(1)如何理解PLC是应运而生的,PLC与过程控制系统的关系是什么?

(2)PLC的硬件结构由哪几部分组成?各有什么作用?

(3)PLC常用的存储器有哪些?各有什么特点?用户存储器主要用来存储什么信息?

(4)开关量输入/输出接口有哪几种类型?

(5)简述PLC的扫描周期。其时间长短主要是受什么因素的影响?引起PLC输出滞后响应的因素有哪些?

(6)PLC运行模式下的工作过程分为哪几个阶段?

(7)PLC的工作特点有哪些?为什么说PLC的运行结果与梯形图程序的顺序有关?

第三章 集散控制系统

集散控制系统(Distributed Control System, DCS)是现场回路分散控制与集中监视操作相结合的分布式综合控制系统,实现了集中式到分布式控制系统的里程碑式跨越。1975年,美国 Honeywell 公司推出世界第一套 DCS 产品 TDC2000,基于危险分散、控制分散,操作和管理集中的设计思想,采用分层、分级和合作自治的结构形式,解决了集中式计算机控制系统存在的可靠性低、开发周期长、系统拓展困难等问题,适应当时生产过程日益复杂的趋势以及企业灵活管理的需求。在计算机技术和网络技术飞速发展的推动下,DCS 的功能不断完善,应用程度不断加深,DCS 已从一个系统发展成为一种体系架构,成为一种广泛应用于冶金、化工、石油、电力等不同生产过程的整体解决方案。在第四次工业革命即将到来的今天,集散控制系统仍在吸取着新兴的技术,蓬勃发展。本章将从集散控制系统的产生和发展、系统结构与构成方式及典型集散控制系统 3 个方面展开。

第一节 集散控制系统的产生和发展

集散控制系统的产生源于日益庞大的流程工业对强可靠性、高灵活性过程控制系统的需求,集中式计算机控制系统的应用、计算机网络的发展和微处理器的出现为其产生奠定了基础。在计算机技术、通信技术、控制技术和人机交互技术的发展与相互促进下,集散控制系统经历了 4 个发展阶段,正朝着智能化的方向发展。本节分析集散控制系统产生的基础及原因,凝练特点,梳理发展脉络,展望未来发展方向。

一、集散控制系统的产生

在集散控制系统产生之前,过程控制系统经历了基地式仪表、单元组合仪表、组装式仪表和集中式计算机控制系统 4 个阶段,有效地提高了流程工业的自动化水平。集中式计算机控制系统通过一台计算机控制全场生产过程,计算机一旦发生故障,将会造成严重的安全事故和生产损失,截至 1970 年,全球基于计算机的过程控制系统仅 5000 余个,应用范围有限。随着生产效率的提高,工厂规模日益庞大,对强可靠性、高灵活性的控制系统需求迫切。1969 年,ARPANET 的出现代表着计算机网络技术的飞速发展,集散控制系统的出现具备计算机网络通信基础;1971 年,Intel 公司成功研制商用 4 位微处理器芯片,为集散控制系统的出现奠定了硬件基础;1975 年,综合仪表控制系统结构灵活、可靠性较高,以及集中式计算机控制系统管理集中、控制策略多样的优点，世界第一套产品 TDC2000 成功推出，集散控制系统应运而生。

集散控制系统的核心思想是“管理集中、控制分散”，基于通信技术和显示技术实现整个系统的监视与操作，达到掌控全局和综合协调的目的；基于计算机技术和控制技术构建了多个控制子系统，各控制子系统以微处理器为核心，完成各自对象或设备的控制，实现复杂系统控制任务的“分而治之”。集散控制系统由集中管理部分、分散控制部分和通信部分三大部分组成(图 3-1)。集中管理部分包括操作员站、工程师站和管理计算机，利用网络通信技术实现复杂系统的集中监视、操作与管理；分散控制部分包括过程控制站和数据采集站，过程控制站实现各回路的控制，数据采集站实现工业生产过程数据的采集与汇集；通信部分以多层计算机网络为依托，完成控制指令和各种信息的传递，以及数据资源的共享。N_c，N_e，N_o和 N_m分别表示控制体统中过程控制站、工程师站、操作员站和管理计算机的数量。

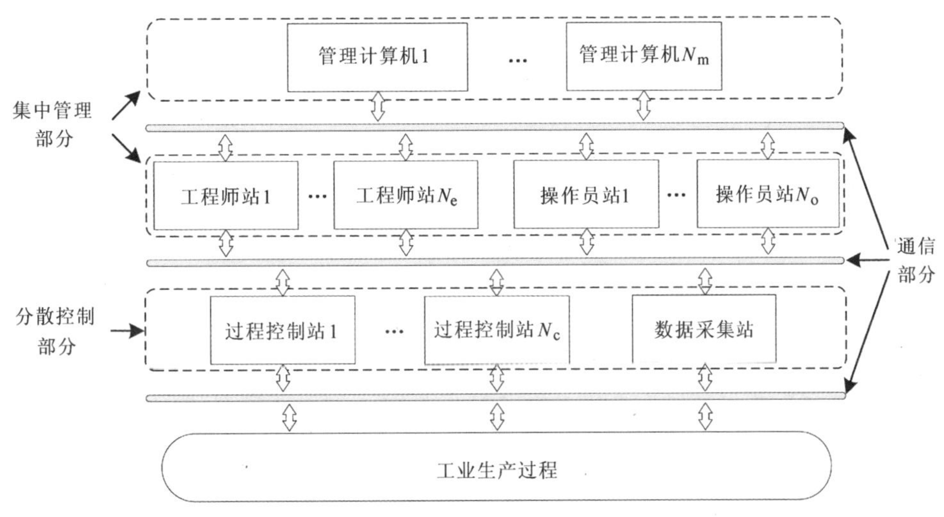

图 3-1　集散控制系统的组成部分

二、集散控制系统的特点

集散控制系统的特点由其产生背景、利用技术及系统结构共同决定。集散控制系统综合了仪表控制系统和集中式计算机控制系统的优点，融合了计算机技术、通信技术、控制技术和人机交互技术，形成了纵向分层、横向分散的系统架构，具有可靠性高、适应性和拓展性强、控制能力强、人机交互手段丰富的特点。

1. 可靠性高

集散控制系统的高可靠性来源于其模块化结构和多种冗余技术。一方面，集散控制系统采用模块化结构，各过程控制站仅控制少数几个控制回路，个别回路或单元的故障不会影响全局，且元器件的高度集成化和严格筛选增强了控制系统的可靠性；另一方面，纵向分层、横向分散的系统架构将各功能模块在物理上区分开，为冗余技术在电源系统、通信系统、过程控制站等关键部分的便利应用奠定基础，保证了集散控制系统的高可靠性。

2. 适应性和拓展性强

集散控制系统在结构上采用了模块化设计方法，硬件和软件都可根据生产过程的规模和实际控制需求，灵活地加以组合，适应于不同规模的生产过程。随着生产过程的发展，当生产规模变大或控制需求提高时，可方便地对已有集散控制系统的硬件和软件进行扩充，一方面，不需要摒弃已有的硬件和软件，递进性好；另一方面，新扩充的部分可基于通信网络与原系统构成一个有机整体，整体性强，这对日新月异的现代化大型工业生产过程尤为重要。

3. 控制能力强

常规控制系统的控制功能多基于硬件实现，当系统控制功能发生变化时，系统硬件或硬件之间的连接关系要随之改变，可实现的控制算法有限。在集散控制系统中，控制功能基于软件实现，灵活性强；计算机可搭载复杂的控制、优化、逻辑推理算法，控制功能完善，信息处理能力强。

4. 人机交互手段丰富

集散控制系统充分应用了图形显示和键盘操作技术，实现了双向、集中的人机交互。生产过程的信息可通过图形显示技术直观、集中地展现，操作员可以实时调用他所关心的显示画面，了解生产过程中的情况；同时，操作员可以通过键盘输入各种操作命令，对生产过程进行干预。集散控制系统中所有的过程信息都被“浓缩”在屏幕上，所有的操作按钮也都“集中”在键盘上。

三、集散控制系统的发展历程

集散控制系统展现出的巨大优势得到了用户的青睐，在市场需求、网络技术和计算机技术等关键技术的推动下，集散控制系统几经更新换代，技术性能、系统架构日趋完善，已经成为工业过程控制领域的主流系统。集散控制系统已经历以下 4 个发展阶段：

(1)第一阶段(1975—1980 年)，以实现分散控制为主。此阶段的集散控制系统主要针对集中式计算机控制系统的缺陷而设计，旨在实现分散危险，提高系统可靠性。主要基于 8 位微处理器构建过程控制单元，实现分散控制，可以搭载多种控制算法，通过组态独立完成回路控制；基于阴极射线显像管显示器构建操作员站，实现集中监视与操作，将信息综合管理与现场控制分离。系统可靠性强，具有自诊断功能；信号传输过程中采取一系列抗干扰措施，用同轴电缆作传输媒质，采用较先进的冗余通信系统。

这一时期的典型产品有 Honeywell 公司的 TDC-2000，福克斯波罗公司(Foxboro)的 SPECTROM，横河公司(Yokogawa)的 CENTUM，西门子公司的 TELEPERM 等。这一阶段 DCS 的过程控制功能比较成熟可靠，但是系统的人机交互功能相对较弱，提供的信息比较少，在功能上接近仪表控制系统；各厂商的 DCS 在通信上没有统一标准，自成体系，形成了大量的“信息孤岛”，即各生产装置或生产过程的集散控制系统间无法互联互通。

(2)第二阶段(1980—1985 年)，以实现全系统信息的管理为主。面对日益激烈的市场竞争，工业过程必须提高产品质量、降低成本、强化全系统信息管理，要求集散控制系统具有较强的计算和通信能力。1978 年 16 位微处理器的出现、1982 年 IEEE 802.3 协议的发布为此阶段 DCS 的发展奠定了基础。操作员站及过程控制单元采用 16 位微处理器，将常规控制、逻辑控制和批量控制相结合，功能更完善，DCS 的性能得以增强；局域网的引入使数据通信能力增强、范围扩大、效率提高、质量改善，有利于各现场控制站、操作员站和工程师站的互连，促进多机资源共享和分散控制。此外，高分辨率的 CRT 显示器被使用，过程控制系统具有更强的图面显示、报表生成和管理能力。

这一时期的典型产品有 Honeywell 公司的 TDC-3000，贝利公司（Bailey）的 NETWORK-90，西屋电气公司（Westinghouse Electric）的 WDPF，ABB 公司的 MASTER 等。

（3）第三阶段（1985—1999 年），采用开放系统网络。集散控制系统的开放性是限制其广泛应用的最大瓶颈。1985 年，国际标准化组织提出了开放系统互连参考模型，旨在使世界范围内的各种计算机以此标准框架互联成网；1993 年，国际电工委员会制定 IEC 61131-3 标准，规定了 DCS 等系统的编程标准，为开放的 DCS 奠定了网络基础和软件基础。此阶段 DCS 采用开放的、标准的系统管理，实现了不同功能、种类仪表设备及系统间的通信和数据共享。操作员站采用 32 位微处理器，使用触摸屏幕或鼠标，并且运用窗口技术及智能显示技术，使操作完全图形化，内容丰富、直观，画面显示的速度加快。系统软件通常采用实时多用户、多任务的操作系统，符合国际上的通用标准，支持多种语言以及梯形逻辑语言和一些编程语言。

（4）第四阶段（2000 年至今），多项技术融合。进入 21 世纪后，强调工业化与信息化融合，DCS 进入高速发展期。各 DCS 生产厂商采用先进的网络通信、计算机硬件、嵌入式系统技术、现场总线、各种组态软件、数据库等技术，并根据用户对先进控制功能和管理功能需求的增加，开发出新一代 DCS 控制系统，使 DCS 系统功能得到进一步提升，并不断丰富其内容。在该阶段实现了组态技术和软件的标准化，引入了可编程序控制器技术、现场总线技术、先进过程控制技术等，为 DCS 系统向大型化的计算机集成制造系统发展提供了有力的支持和保障。

这一时期的典型产品有 Honeywell 公司的 Experion PKS 系统，是世界上第一套过程知识系统；西门子公司的基于 PCS7 技术的 SPPA-T3000 系统，是世界上第一套基于组件的控制系统，提供了用于工程设计、组态、调试、运行、诊断任务的单一用户接口。

四、集散控制系统的发展趋势

在智能制造的背景下，工业互联网、边缘计算、5G 等新技术为 DCS 提供了新的基础，将控制系统与人工智能技术和新一代信息技术相融合，设计智能 DCS 是大势所趋，主要的技术发展趋势如下。

（1）强化数据接入能力，形成泛在感知型系统。物联网和 5G 技术快速发展，先进检测技术、传感器技术有新突破，工业数据规模爆发式增长。大量数据中蕴含了工业现场设备及系统的特征，如何将各类物联感知数据可靠接入智能 DCS，同时整合其他系统，如 PLC 的数据，实现广义工业过程信息的泛在感知，为后续流程奠定数据基础，是对智能 DCS 基础能力的需求。

（2）强化工业数据分析与知识推理能力，深度解析和挖掘数据价值。工业生产数据中蕴藏了大量信息。在泛在数据接入和全厂一体化监控背景下，智能 DCS 对大量数据进行实时解析,快速提炼出生产过程的信息和知识,需要其本身具有深度数据分析和信息可视化能力。工业过程中的数据分析计算类别包括控制计算、统计计算、建模计算和知识计算(知识表达与推理)。智能DCS应对上述计算类型进行便捷、可靠支持,并实现与人机界面、数据库系统的高效融合设计。智能DCS将逐步成为工厂实时运行层面的"智能中心"。

(3)强化过程控制能力,将先进控制理论和方法实用化落地。信息和知识作为工业过程数据深度分析的结果,必须指导生产才有意义。智能DCS应能够与底层设备和子系统联动,采用先进控制、智能控制技术实现过程的精准稳定控制(而非仅仅是PID),或能够为决策者提供可靠的智慧化、可视化指导建议,引导生产过程趋向最优化,提升生产效率,促进生产安全。

(4)支持广域联网,形成工业互联网络。在工业互联网和5G技术高质量通信的支撑下,智能DCS可进一步强化全厂一体化监控能力,作智能化"工厂节点"。多个"工厂节点"可进一步联网、互动,或进行集群协调控制,如综合汇聚各类火电厂、风电场、水电站、光电厂的数据,构建"区域能源调控中心",实现信息的呈现、分析、指导,可看作一种"工业互联网"的实现形式。这要求智能DCS具有广域联网,跨物理区域、网络类别进行稳定数据链接和交互的能力。

第二节 集散控制系统结构与构成方式

集散控制系统是纵向分层、横向分散的大型综合控制系统,它以多层计算机网络为依托,将分布在全厂范围内的各种控制设备和数据处理设备连接在一起,实现各部分的信息共享和协调工作,共同完成各种控制、管理及决策功能。系统中的所有设备分别处于4个不同的层次,自下而上分别是:现场级、控制级、监控级和管理级,与这四层结构相对应,由四层计算机网络即现场网络Fnet、控制网络Cnet、监控网络Snet和管理网络Mnet把相应的设备连接在一起。集散控制系统的典型结构如图3-2所示。

本节具体介绍现场级、控制级、监控级和管理级的作用及构成,每一级面向具有不同职责和权限的人员,因而具有不同的功能,需要不同的硬件和软件配置,即需求决定功能,功能决定具体的系统设计。在四层架构的基础上,分析如何将它们构成一个整体,即集散控制系统的网络拓扑结构与通信方式。

一、现场级

现场级是指集散控制系统在生产现场布置和实施的控制装置或子系统,一般位于被控生产过程设备的附近。典型的现场级设备包括各类传感器、变送器和执行器。根据现场设备与过程控制站的连接方式,可分为基于传统仪控系统的现场级和基于现场总线技术的现场级。

1. 基于传统仪控系统的现场级

这类现场级设备之间传输模拟信号。传感器检测被测量,按照一定规律(数学函数法

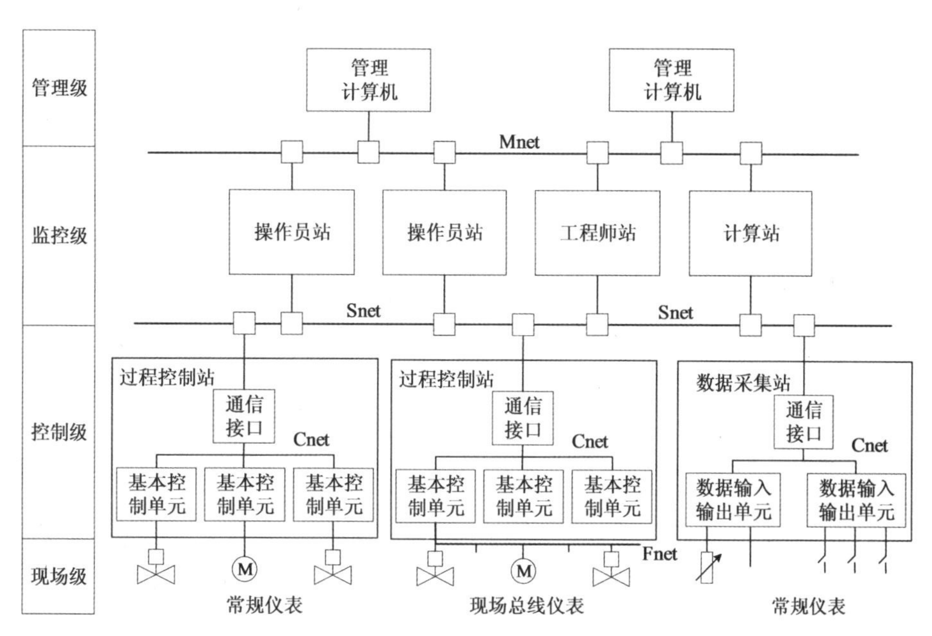

图 3-2　集散控制系统的结构

则)将非电信号转换为电信号;变送器将传感器输出的信号转换为标准的电流或电压信号(电流 4～20mA,电压 1～5V)。执行器由执行机构和调节机构组成。执行机构将过程控制站 I/O 模块输出的小电流或低电压控制信号进行功率放大,转换为可驱动调节机构的大电流或高电压信号;调节机构通过电机、阀门、泵等执行元件改变生产过程的参数。

现场级设备最初通过“一对一接线”的方式与过程控制站的 I/O 模块连接,布线复杂、维护繁琐;现场来的电缆直接接在过程控制站 I/O 模块上,不方便接线和查线,调试或维护时容易损坏过程控制站 I/O 模块的接线端子。后通过端子板实现过程控制站与现场级的连接,信号流图如图 3-3 所示,加端子板可保护 DCS 模块本身的接线端子,方便维护维修;若现场点线较多,则专门设置端子柜。现场级的关键在于理解各设备的原理和作用,梳理清楚原始信号转换为期望信号的详细流程,画出信号流图或接线图。

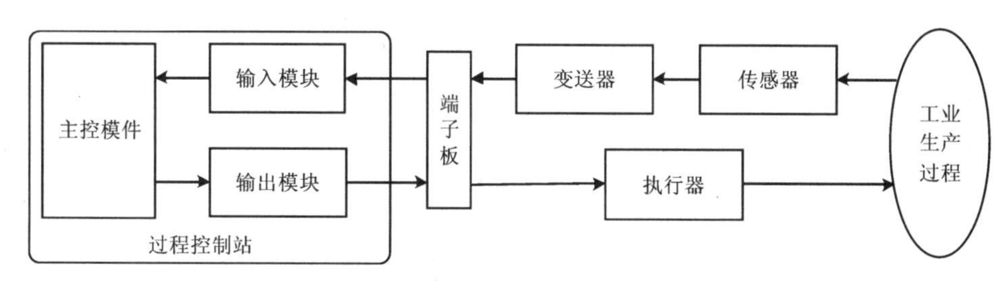

图 3-3　基于传统仪控系统的 DCS 现场级信号流图

2. 基于现场总线技术的现场级

传统仪控系统中传输的主要为模拟信号,易受外部电磁环境干扰;传感器、变送器、执行器、过程控制站与端子板间需要电缆连接,电缆安装敷设费用昂贵,安装维护过程烦琐,出现故障难以查找。现场总线技术应运而生,理论知识将在第四章中具体分析。简而言之,现场总线是现场仪表所采用的双向、串行、数字化通信方式，取代了部分4～20mA的标准模拟通信方式。现场总线主要有以下4个优点：

(1)通过一根双绞线即可连接多台设备，减少电缆数量，降低配线成本。

(2)采用数字传输方式，抗干扰能力强，信息传输更可靠，提高了控制质量。

(3)现场仪表采用标准协议进行通信，实现了现场仪表的自律分散控制；采用相同协议的现场总线仪表具有互操作性，不同厂家的仪表可以自由组合，用户可选择性更大。

(4)可实现多重通信，除了传输过程变量和控制变量外，还可以传送现场设备的管理信息，在主控室就可以对现场仪表进行调试、校验、诊断和维护。

二、控制级

控制级主要由过程控制站和数据采集站构成，都接收来自现场的信号。过程控制站和数据采集站集中安装于主控室后的电子设备室中。过程控制站具有连续控制、顺序控制或逻辑控制等功能，接收变送器传输的信号，按照一定的控制策略计算出所需的控制量，并传输至现场的执行器。数据采集站接收大量来自现场设备的信号，对其进行必要的转换和处理后存入数据库，DCS的其他部分可以调用数据库，如监控级的操作员站可以基于数据库实时监测现场设备的运行状态。

三、监控级

监控级又称为人机界面，汇集了全部工艺过程的实时数据和历史数据，主要由操作员站、工程师站和计算站构成。操作员站安装在中央控制室，工程师站和计算站安装在电子设备室。操作员站直接面向生产、偏向工艺，操作员主要由具有生产过程专业知识的人员担任；工程师站面向控制系统，需要完成系统的设计与构建，一般由控制工程师负责；计算站则是由高性能的计算机组成，完成复杂的计算任务，时下的云计算、边缘计算等技术可为计算站提供很好的支撑。

操作员站是操作员与集散控制系统交互的人机接口设备。操作员站由具有较强图形处理能力的计算机及相应外部设备(显示器、大屏幕显示装置、打印机、键盘等)构成，目的是为操作员提供丰富的、充分的生产过程信息，具有报表打印、曲线输出等功能。操作员通过操作员站监视和控制整个生产过程，基于实时数据分析生产设备的运行情况，判断各控制回路的工作状态；可进行手动/自动控制方式的切换，在手动控制方式下可调整控制量、操作现场设备，可修改自动控制方式下的控制量，实现对生产过程的干预。

工程师站是控制工程师对集散控制系统进行设计、配置、组态、调试、维护的工作站。其功能是实现设计文档、图纸、表格等文件的归类与管理，一般由PC机、打印机、绘图机等设备构成。

计算站主要完成复杂的数据处理和运算任务，例如机组运行优化和性能计算、先进控制策略的实现等，强运算能力和高运算速度是计算站的特点。

四、管理级

管理级由多个管理计算机构成，面向的是厂长、经理、总工程师、值班长等行政管理或运行管理人员，主要任务是监测企业各部分的运行情况，利用历史数据和实时数据预测可能发生的各种情况，从企业全局利益出发辅助企业管理人员进行决策，帮助企业实现其规划目标。管理计算机需要具有对控制系统做出高速反应的实时操作系统，能够进行大量数据的高速处理与存储，能够连续运行可冗余的高可靠性系统，能够长期保存生产数据，并且具有优良的、高性能的、方便的人机接口，丰富的数据库管理软件、过程数据收集软件、人机接口软件以及生产管理系统生成等工具软件，实现整个工厂的网络化和计算机的集成化。

五、网络拓扑结构与通信

网络通信系统是连接各过程控制站、操作员站、工程师站、计算站和管理级计算机的通信网络，实现这些设备之间的信息交换。由集散控制系统的分层结构决定，集散控制系统的网络结构一般可分为 3 层，即现场级网络、车间级网络和工厂级网络。现场级网络完成现场级和控制级之间的通信，即各种传感器、变送器、执行器和过程控制站、数据采集站间的通信，现在多基于现场总线；车间级网络完成控制级和监控级内多个设备及控制级和监控级之间的通信，一般基于工业以太网；工厂级网络连接厂内各类计算机系统，如过程控制系统、办公自动化系统、财务系统及设备管理系统等，实现各种信息的综合管理，一般采用商业以太网连接广域网，与监控级通过防火墙进行分隔。

本节不对工厂级网络展开叙述，主要分析现场级网络和车间级网络。这两级网络又可以分为 3 个层次，构成 3 个通信子网，自下而上分别为现场子网、机柜子网和控制室子网。单层网拓扑结构如图 3-4 所示，实现以下功能：

(1)现场子网实现过程控制站与现场设备之间的数字化通信，通常基于现场总线，通信速率视实际需求而定。慢过程的模拟量控制可采用较低速率的现场总线，如 FF-H1 总线；快过程的离散控制等可采用通信速率较高的现场总线，如 Profibus-DP 等。

(2)机柜子网实现一个机柜内多个模件之间的通信，如过程控制站中主控模件与 I/O 模件之间的通信，通常采用通信速率较高的现场总线，如 Profibus。

(3)控制室子网实现过程控制站、操作员站、工程师站等设备之间的通信，通常采用具有高速交换机的以太网或工业以太网。

单网拓扑结构背后的内涵与控制室子网的结构直接相关。图 3-4 中，控制室子网不但实现控制级设备(过程控制站)和监控级设备(操作员站、工程师站等)之间的数据通信，还承担着控制级各设备间、监控级各设备间的通信任务，控制层和信息层网络合并为一层网络，又称为“扁平化网络”结构。这种单层网络拓扑结构的优点是系统结构简单、兼容性好且易于扩展；缺点是通信负荷较大，当控制室子网吞吐率较小时，会显著影响控制级设备的数据传送，降低控制效果。在实际应用中，这种控制室子网通常采用具有高速交换机(如千兆交换机)的以太网，以提高网络的吞吐率。

控制室子网还有一种双层网络拓扑结构(图 3-5)，将控制室子网的信息层和控制层分开。信息网实现监控级设备之间的高速数据传输,与控制级不直接发生关系;控制网负责过程控制站间的数据通信。信息网和控制网同时连接到网络数据服务器上,网络数据服务器从控制级收集数据进行存储,监控级设备访问网络数据服务器实现对生产的监控。因此,双网结构又可称为"客户端/服务器(Client/Server, C/S)"结构。

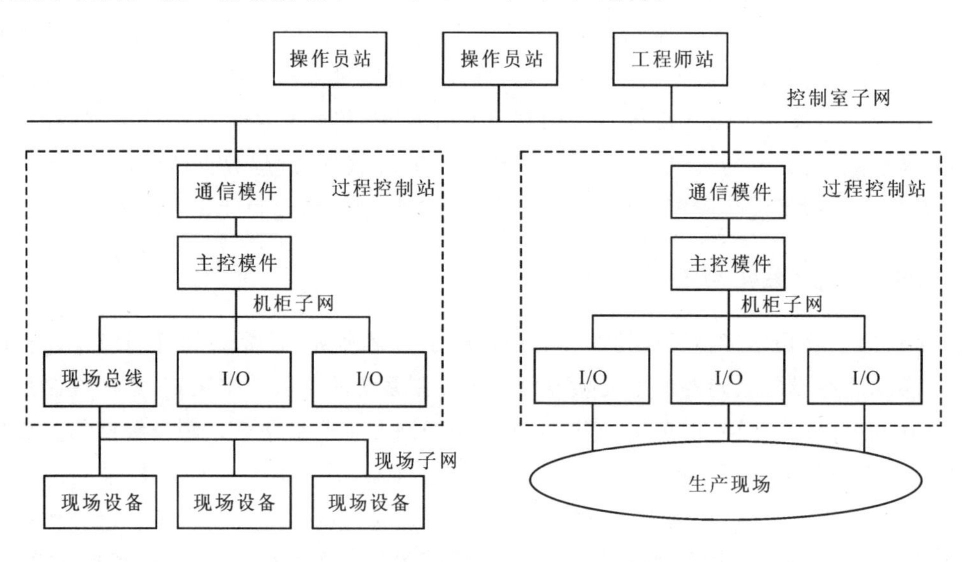

图 3-4 DCS 的通信系统——单层网络拓扑结构

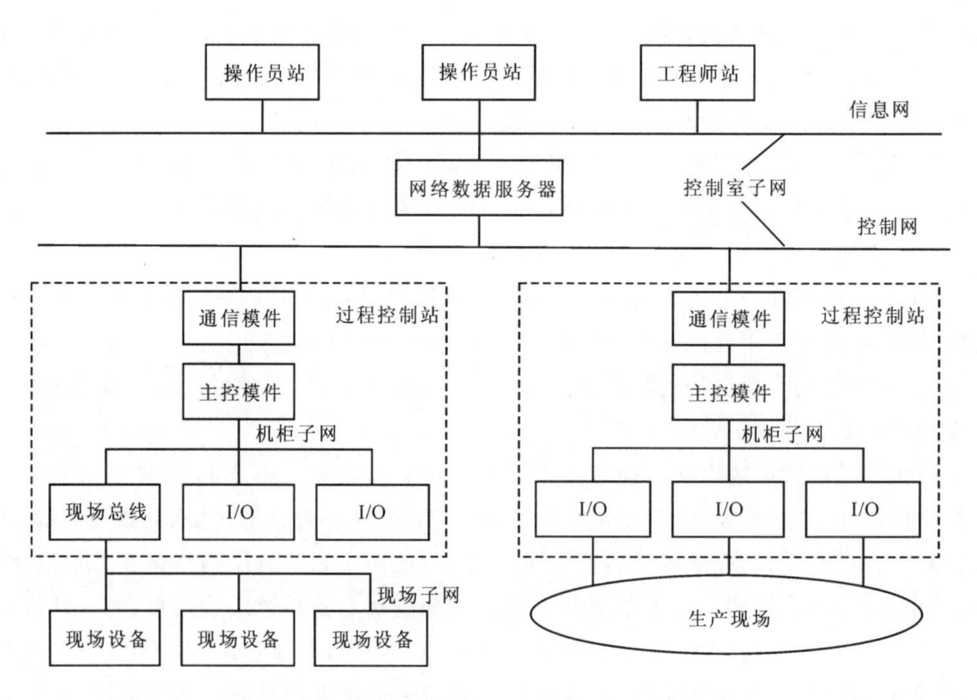

图 3-5 DCS 的通信系统——双层网络拓扑结构

双网结构有效地解决了单网结构中存在的问题，可有效降低控制层网络的通信负荷，同时提高了信息层设备数据交换的效率，网络的灵活性较高。但其层次较多，层间数据传输存在一定的延迟；同时系统较为复杂，维护有一定的难度，成本也相对较高。

第三节　典型集散控制系统

典型的DCS包括Foxboro公司的开放式智能产品I/A Series，ABB公司的Industrial IT，Honeywell的过程知识系统，西门子的全集成自动化的过程控制系统SIMATIC PCS7，以及浙大中控的JX-300系列、JX-500系列。本节介绍两种典型的集散控制系统，分别是西门子PCS7系列的DCS和浙大中控JX-300系列的DCS。

一、西门子PCS7系列集散控制系统

西门子PCS7系列集散控制系统是完全无缝集成的自动化解决方案，被广泛应用于化工、石油、石化、电力等过程控制领域。

1. 系统概述

PCS7基于过程自动化，从传感器、执行器、控制器，上位机，自下而上形成完整的全集成自动化架构。软件主要包括Step7、连续功能图CFC、顺序功能图SFC、Simatic Net和视窗控制中心（Windows Control Center，WinCC）以及产品数据管理等，组态对象为S7-400 CPU，一般应用于钢铁和石化等行业。

PCS7并不等同于Step7和WinCC的简单组合，PCS7操作员站中的很多模板和画面都是在Step7中用连续功能图和顺序功能图自动生成的，变量记录和报警记录也都是由Step7中编译传送到WinCC中去的，并不需要像使用普通视窗控制中心那样手动组态画面、变量记录和报警记录。

2. 系统组成

PCS7可以采用单用户操作员站方式，当操作员站较多或用户有比较高的要求时，也可以采用多客户机结构（这里的客户机类似于操作员站）。多客户机结构允许一个客户机访问多个操作员站服务器的数据，也允许多个客户机同时访问若干个服务器。操作可同时完成，项目数据、过程变量、存档数据、报警和消息均从多客户机的操作员站服务器获得。这样数据可以分布在若干服务器上，多客户机都通过一个公共操作进行访问，这样一个工厂因此分成若干个技术单元，每个单元有自己的操作员站服务器，分布式系统的优点是整个工厂分解成若干个不同的部分，从而提高了系统的可用性。

典型西门子PCS7系统结构如图3-6所示，主要由监控系统、工程师站、操作员站、自动化系统和通信网络组成。通信网络采用3层网络结构，分别为现场总线层、控制总线层和厂级网络。现场总线层采用Profibus-DP与Profibus-PA的通信方式，是联系自动化站与现场

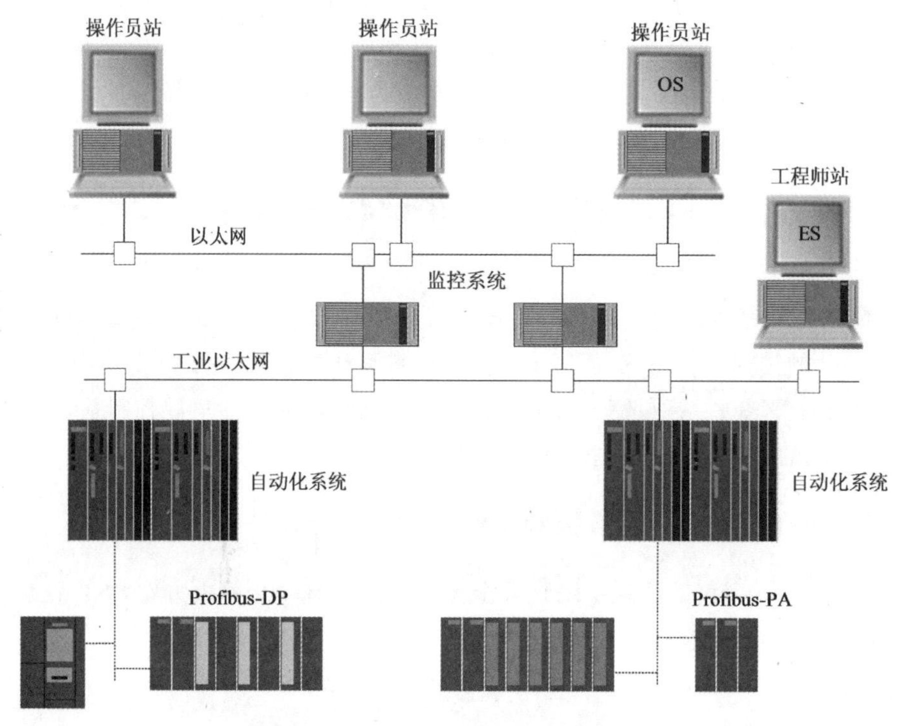

图 3-6 典型西门子 PCS7 系统结构示意图

设备的纽带；控制总线层采用符合国际标准 IEEE 802.3 的工业以太网，是连接自动化站与人机接口服务器或操作员站的桥梁；厂级网络采用标准的 TCP/IP 协议进行数据的传输，是建立服务器与操作员站或上级厂级网络通信的关键。

监控系统采用冗余服务器/客户机结构，当一台服务器故障时，客户机可以自动登陆到另外一台服务器上，当故障服务器完成修复并重新投入时，相关历史数据可自动更新到新投入的服务器中，任意一台服务器始终保存有整个系统的数据。PCS7 最多可冗余 12 台服务器，最多可以支持 5000 控制回路/服务器，最多可连接 32 台客户机/服务器，最多可连接 64 台控制站/服务器。

3. 系统特点

PCS7 将系统控制功能分散在各台计算机上实现，系统结构采用容错设计，某一台计算机出现故障不会导致系统其他功能的丧失，系统可靠性高。此外，PCS7 系统中各台计算机所承担的任务比较单一，可采用具有特定结构和软件的专用计算机，充分发挥系统中每一台计算机的功能。PCS7 集散控制系统具有以下特点：

(1)采用开放式、标准化、模块化和系列化设计，系统中各台计算机采用局域网方式通信，实现信息传输，当需要改变或扩充系统功能时，可将新增计算机方便地连入系统通信网络或从网络中卸下，几乎不影响系统其他计算机的工作，具有很高的灵活性。

(2)通过组态软件根据不同的流程应用对象进行软硬件组态，即确定测量与控制信号及相互间连接关系，从控制算法库选择适用的控制规律以及从图形库调用基本图形组成所需的各种监控和报警画面，从而方便地构成所需的控制系统。

(3)采用功能单一的小型或微型专用计算机，具有维护简单、方便的特点，当某一局部或某个计算机出现故障时，可以在不影响整个系统运行的情况下在线更换，迅速排除故障。

(4)各个工作站之间通过通信网络传送各种数据，整个系统信息共享，协调工作，以完成控制系统的总体功能和优化处理，具有很好的协调性。

(5)控制功能齐全，控制算法丰富，集连续控制、顺序控制和批处理控制于一体，可实现串级、前馈、解耦、自适应和预测控制等先进控制，并可方便地加入所需的特殊控制算法。

(6)构成方式十分灵活，可由专用的管理计算机站、操作员站、工程师站等组成，也可由通用的服务器、工业控制计算机和可编程控制器构成。PCS7 可通过网络接入更高性能的计算机设备，以实现更高级的集中管理功能，如计划调度、仓储管理、能源管理等。

二、浙大中控 JX-300XP 集散控制系统

JX-300XP 集散控制系统是浙江中控技术股份有限公司 SUPCON WebField 系列控制系统之一，应用范围涵盖化工、炼油、石化、冶金、电力等工业自动化领域。JX-300XP 集散控制系统简化了工业自动化的体系结构，增强了过程控制的功能和效率，提高了工业自动化的整体性和稳定性，节省了企业工业自动化方面的投资，体现了工业基础自动化的开放性精神，也实现了企业内过程控制、设备管理的合理统一。

1. 系统概述

JX-300XP 集散控制系统由硬件和软件两个部分组成，其中软件包括实时监控软件和组态软件，硬件包括机柜、机笼、控制器、卡件、电源等。

JX-300XP 覆盖了大型集散系统的安全性、冗余功能、网络扩展功能、集成的用户界面及信息存取功能，除了具有模拟量信号输入/输出、数字量信号输入/输出、回路控制等常规集散控制系统的功能外，还具有高速数字量处理、高速顺序事件记录、可编程逻辑控制等特殊功能。它不仅提供了功能块图、梯形图等直观的图形组态工具，又为用户提供开发复杂高级控制算法(如模糊控制)的类 C 语言编程环境 SCX。系统规模变换灵活，可以实现从一个单元的过程控制，到全厂范围的自动化集成。

JX-300XP 控制级的设备以先进的微控制器为核心，提高了系统的实时性和控制品质，系统能完成各种先进的控制算法；监控级采用高性能 CPU 主机和 Windows 9X/NT/2000 多任务操作系统，适合集散控制系统良好的操作环境和管理任务的多元化；过程控制网络采用双重化的以太网技术，控制级能快速安全地协调工作，做到真正的分散控制和集中管理。

2. 系统组成

JX-300XP 的基本组成包括工程师站、操作员站、过程控制站和通信网络。JX-300XP 的体系结构如图 3-7 所示。操作员站用于实现工艺过程监视、操作、记录等功能，以工业 PC 机为基础的人机接口设备。工程师站用于控制应用软件组态，实现系统监视与维护。过程控制站是系统中直接与现场打交道的 I/O 处理单元，完成整个工业过程的实时控制功能，主要

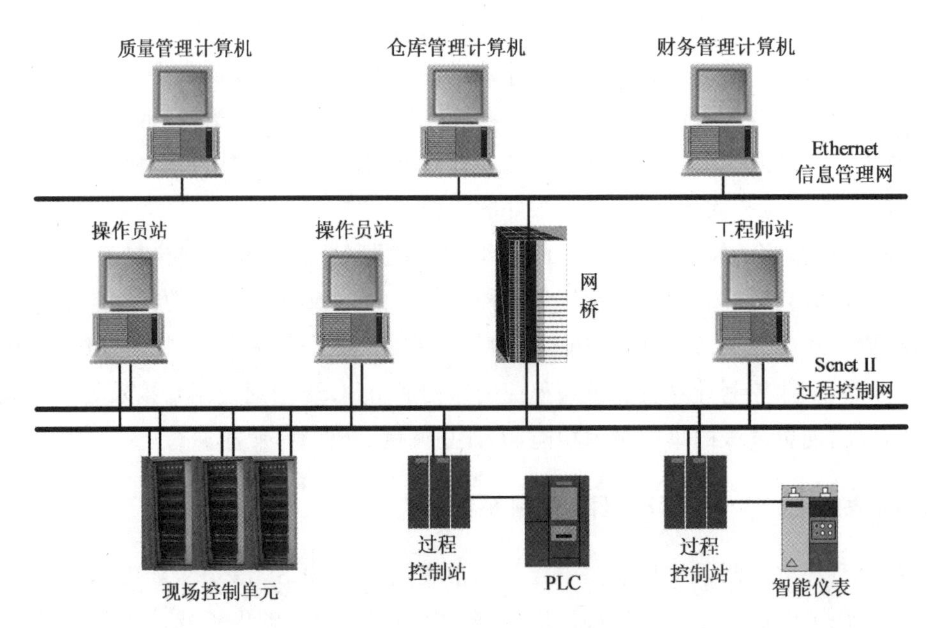

图 3-7 JX-300XP 的体系结构图

由机柜、机笼、供电单元和各种卡件(包括主控制卡、数据转发卡和各种信号输入/输出卡)组成,其核心是主控制卡。JX-300XP 的通信网络有 3 层,自上往下分别为信息管理网、过程控制网及过程控制站内部 I/O 控制总线。

信息管理网一般采用以太网(Ethernet),通过标准的 TCP/IP 协议进行数据传输,用于工厂级信息的传送和管理,以实现全厂信息的综合管理。该网络通过在多功能站上安装双重网络接口转接,实现企业信息管理网与过程控制网络之间的网间桥接,以获取 JX-300XP 集散控制系统中的过程参数和系统运行信息,同时也向下传送上层管理计算机的调度指令和生产指导信息。信息管理网采用大型网络数据库,实现信息共享,并将各个装置的控制系统连入企业信息管理网,实现工厂级的综合管理、调度、统计和决策等。

过程控制网采用双高速冗余工业以太网 Scnet II,它直接连接了过程控制站、操作员站、工程师站、通信接口单元等,是传送过程控制实时信息的通道,通过挂接网桥,Scnet II 可以与上层的信息管理网连接。

过程控制站内部 I/O 控制总线 SBUS 是过程控制站内部各卡件之间进行信息交换的通道。SBUS 总线分为两层:第一层为双重化总线 SBUS-S2,物理上位于过程控制站所管辖的 I/O 机笼之间,用于主控制卡与数据转发卡间的信息交换;第二层为 SBUS-S1 网络,物理上位于各 I/O 机笼内,用于数据转发卡与各块 I/O 卡件间的信息交换。主控制卡通过 SBUS-S1 和 SBUS-S2 来管理分散于各个机笼内的 I/O 卡件。

3. 系统特点

JX-300XP 集散控制系统具有以下特点:

(1)高速、可靠、开放的通信控制网络 Scnet II。JX-300XP 集散控制系统采用 Scnet II

将站点与通信单元连接，它所采用的协议为 IEEE 802.3 标准协议和 TCP/IP 开放协议。Scnet II 是双高速冗余工业以太网，传输速率达到 10Mbps，保证了控制系统的及时性以及高效性，TCP/IP 协议的加入增加了其可靠性、纠错能力。每一个 Scnet II 网在理论上可以有 2^{10} 个节点，最远可达 10 000m。Scnet II 为控制系统的开放性和互联性奠定了基础。

(2)I/O 卡件贴片化设计、I/O 端子可插拔设计。输入/输出信号类型的多样化，使得单一的输出端子无法满足系统的要求，I/O 卡件可插拔设计为用户提供了方便，卡件的通用性也大大增强了。贴片化的设计使每一个卡件占用控制柜的面积减小，从而提高了空间利用率，同时也缩减了成本。

(3)多功能的协议转换接口。在 JX-300XP 集散控制系统中，配备和完善了与 PLC、现场总线以及智能仪表数据通信的功能，能够与施耐德电气公司 Modbus、Host Link 等多种协议的网际互联，能够与连接在其网络上的控制器或者 PLC 进行数据交换，把控制命令传递给每一个控制器。

(4)简单、易懂的组态软件和工具。SCKey 是 32 位的 JX-300XP 集散控制系统的组态软件。该款组态软件运用面向对象编程(OOP)技术和对象连接与嵌入(OLE2)技术，于 Windows NT 中文操作系统中完成了软件的开发。SCKey 采取树状结构管理组态信息，使用户能够直观掌握组态情况。另外，按 F1 键就可以得到提示和帮助。

(5)直观实时监控画面。实时监控软件(Advan Trol)是控制系统监控软件包非常重要的一部分，它的功能非常丰富，操作人员可以通过其查看整个集散控制系统的具体数据值、报警信息、历史曲线等，也可以显示现场设备的运行状态，通过直观的颜色变化或者图形变换来表现，简单便捷。

(6)事件纪录。JX-300XP 给用户提供了可记录多种事件的功能模块，对一个流程工业生产中涉及到的控制顺序、操作过程以及出现的报警等状况都可以记录下来，类似于飞机的“黑匣子”，为专业人员对该生产过程分析提供了精确的数据，可以生成各类报表并打印输出。JX-300XP 的最小记录间隔时间为 1ms。

习　题

(1)集散控制系统为什么会产生？其产生前控制系统有哪些形式？它们对集散控制系统的产生具有什么样的推动作用？

(2)集散控制系统的主要特点是什么？

(3)简述集散控制系统的现阶段状况及发展方向。

(4)集散控制系统和 PLC 的区别与联系有哪些？DCS 为什么没有取代 PLC？

(5)开放系统的主要特点是什么？集散控制系统为什么是开放系统？

(6)集散控制系统的体系结构是什么？

(7)如何组成集散控制系统硬件结构?

(8)简述集散控制系统的操作员站、工程师站、监控计算机站的主要功能。

(9)画出典型集散控制系统的体系结构图并说明各组成部分的作用。

(10)集散控制系统的层次结构一般分为几层?并说明每层的功能。

(11)简述现场控制站的基本功能。

(12)集散控制系统的日志记录(也称事件记录)有什么作用?

(13)简述 PCS7 集散控制系统的主要特点。

(14)简述 JX-300XP 集散控制系统的主要特点。

第四章　现场总线控制系统和工业以太网

工业通信技术可实现过程控制系统各模块间的信息传递，是过程控制系统发展的重要驱动力。工业通信技术主要包括面向工业通信需求而专门设计的现场总线，对以太网技术进行改进和完善而形成的工业以太网。本章首先对工业通信技术进行概述，储备基本的通信知识；然后分析现场总线和工业以太网的起源、发展及未来，介绍其基本原理及技术特点；最后详细介绍过程控制系统构建过程中常用的现场总线和工业以太网技术。

第一节　工业通信技术概述

本节概述网络通信的基本原理、网络拓扑结构和通信协议，为之后具体工业通信技术的分析奠定基础；梳理控制系统中通信技术的发展脉络，并对未来发展方向进行展望。

一、网络通信原理

通信就是信息从一处传输到另一处的过程。通信系统由发送装置、接收装置、信道和信息四大部分组成。发送装置将信息送上信道，信息由信道传送给接收装置。按传送方向、数据传输形式及物理连接等，数据的传输方式可分为单工、半双工和全双工 3 种。“工”指信息传递方向。单工指信息只能沿单方向传送；半双工指信息可以沿两个方向传输，但任何一个时刻信道上传送的信息只有一个方向；全双工指信息可以沿两个方向同时传输。

通信的基础是通信双方之间必须建立一条物理的或逻辑的数据通道，用以传输数据，这条数据通道称为通信链路。常用的通信链路有调制解调器电缆、公用电话网 PTSN、分组交换网 PSN、数字数据网 DDN、局域网 LAN 以及综合业务数字网 ISDN 等。数据交换是指在多个数据终端设备之间，为任意两个终端设备建立数据通信临时互连通路的过程。通常采用 3 种数据交换方式：线路交换方式、报文交换方式和报文分组交换方式。其中报文分组交换方式又包含虚电路和数据报两种交换方式。

网络结构问题不仅涉及信息的传输路径，而且涉及链路的控制。对于一个特定的通信系统，为了实现安全可靠的通信，必须确定信息从源点到终点所要经过的路径，以及实现通信所要进行的操作，在计算机通信网络中，对数据传输过程进行管理的规则被称为协议。通信协议是双方实体完成通信或服务所必须遵循的规则和约定，相当于通信系统中的“语言”。协议定义了数据单元使用的格式，信息单元应该包含信息的含义、连接方式及信息发送和接收的时序，从而确保网络中的数据顺利传送到确定的地方。

二、网络拓扑结构

网络中的计算机等设备要实现互连，就需要以一定的结构方式进行连接，这种连接方式就称为拓扑结构。拓扑结构决定了一对节点之间可以使用的数据链路。常见的网络拓扑结构有星型、环型和总线型，示意图如图 4-1 所示。

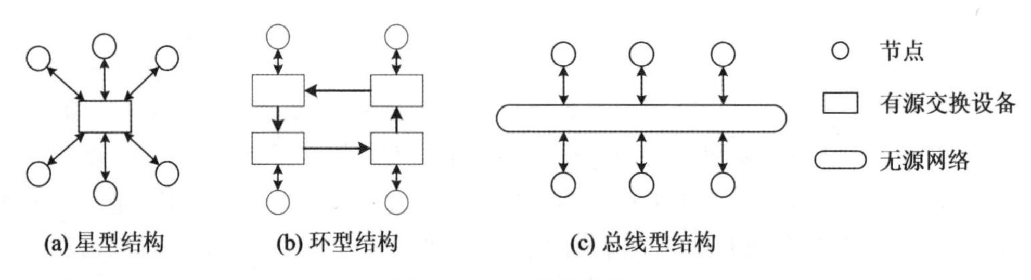

图 4-1 网络拓扑结构

1. 星型结构

在星型结构中，每一个节点都通过一条链路连接到一个中央节点上去，任何两个节点之间的通信都要经过中央节点，节点拓展方便，一个节点发生故障不会影响其他节点的连接。在中央节点中，有一个“智能”开关装置来接通两个节点之间的通信路径，因此，中央节点的构造是比较复杂的，一旦发生故障，整个通信系统就要瘫痪，整体可靠性比较低。以太网的各工作站节点设备通过一个网络集中设备（如集线器或者交换机）连接在一起，星型网络几乎是以太网的专用。

2. 环型结构

在环型结构中，所有的节点通过链路组成一个环形，需要发送信息的节点将信息送到环上，信息在环上只能按某一确定的方向传输。当信息到达接收节点时，该节点识别信息中的目的地址与自己的地址相同，就将信息取出，并加上确认标记，以便由发送节点清除。由于传输是单方向的，所以不存在确定信息传输路径的问题，简化了链路的控制。当某一节点故障时，可以将该节点旁路，以保证信息畅通无阻。为了进一步提高可靠性，在某些集散控制系统中采用双环，或者在故障时支持双向传输。环型结构的主要问题是在节点数量太多时会影响通信速度，而且环是封闭的，不便于扩充。这种拓扑结构的网络结构一般仅适用于 IEEE 802.5 的令牌环网，在这种网络中，“令牌”在环型连接中依次传递。

3. 总线型结构

在总线型结构中，所有节点通过相应硬件接口直接接到总线。所有节点共享一条公用的传输线路，每次只能由一个节点发送信息，信息由发送它的节点向两端扩散；节点发送信息之前，要保证总线上没有其他信息正在传输。在有用信息之前有一个询问信息，询问信息中包含着接收该信息的节点地址，总线上其他节点同时接收这些信息。当某个节点由询问信息中鉴别出接收地址与自己的地址相符时，这个节点便做好准备，接收后面所传送的信息。总线型结构突出的特点是结构简单，便于扩充；总线型结构对总线的电气性能要求很高，对总线的长度也有一定的限制，通信距离有限。现场总线技术就是基于总线型的拓扑结构。

三、通信协议

通信协议是指双方实体完成通信或服务所必须遵循的规则和约定。协议定义了数据单元使用的格式、信息单元包含信息的含义、连接方式及信息发送和接收的时序，确保网络中的数据顺利传送到确定的地方。对于一个计算机通信网络来说，接到网络上的设备多种多样，经常出自不同的厂家，在硬件、软件上具有一定的差异，导致相互通信较为困难。这就需要对信息传递过程建立统一的控制、管理、转换方法。为了实现网络通信的标准化，1985 年国际标准化组织 ISO 提出了开放系统互连参考模型（Open System Interconnection Reference Model, OSI/RM），简称 ISO/OSI 模型。

ISO/OSI 模型将通信功能分为 7 个层次，即物理层、数据链路层、网络层、传输层、会话层、表示层和应用层，体系结构如图 4-2 所示。每一层通过定义好的接口和相邻两层打交道，利用低层提供的功能，向高层提供本层所完成的服务。通信过程的差异被“消灭”在层内，每一层都相对独立，可以采用最适合的技术来实现，并单独进行开发、测试、维护；只要接口关系保持不变，各层技术的更新不会影响其他层。下面具体分析每一层的接口、功能和服务。

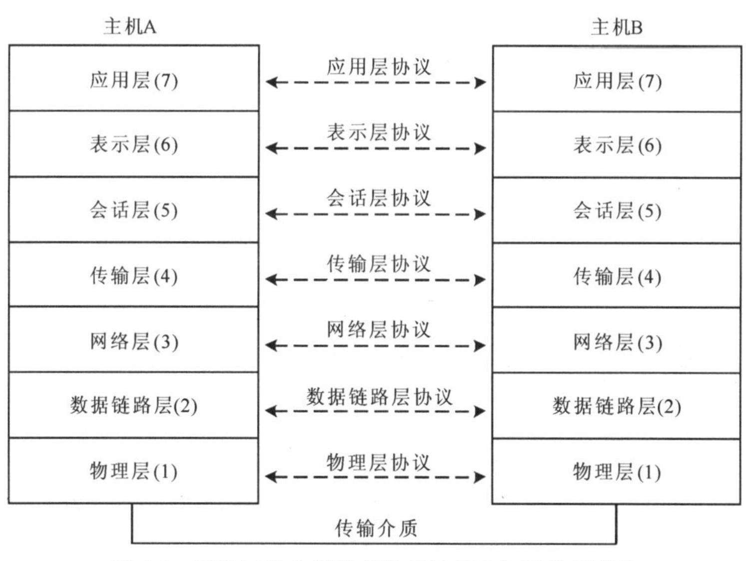

图 4-2　省略网络中间节点设备的 ISO/OSI 体系结构

（1）物理层：屏蔽物理设备、传输媒体和通信手段的不同，使数据链路层感受不到这些差异，规定了为传输数据所需要的物理链路创建、维持及拆除而提供具有机械的、电子的、功能的和规范的特性；为设备之间的数据通信提供传输媒体及互连设备，为数据传输提供可靠的环境。

（2）数据链路层：通信链路是由许多节点共享的，数据链路层协议实现通信链路使用权的分配，即确定各时刻控制链路的节点。此外，还需要确定比特级的信息传输结构，规定了信息每一位和每一个字节的格式，确定了检错和纠错方式，以及每一帧信息的起始和停止标记的格式。帧是数据链路层传输信息的基本单位，由若干字节组成；除了信息本身之外，它还包括表示帧开始与结束的标志段、地址段、控制段及校验段等。

(3)网络层：在一个通信网络中，两个节点之间可能存在多条通信路径，网络层的主要功能就是确定信息的传输路径。在由多个子网组成的通信系统中，网络层还负责处理一个子网与另一个子网之间的地址变换和路径选择。如果通信系统只由一个网络组成，节点之间只有唯一的一条路径，那么就不需要这层协议。

(4)传输层：传输层是唯一负责总体的数据传输和数据控制的一层。传输层确认两个节点之间的信息传输任务是否已经正确完成，其中包括信息的确认、误码的检测、信息的重发、信息的优先级调度等。

(5)会话层：为进行通信的应用进程间提供一套会话机制，组织和同步会话活动并管理它们的数据交换过程。

(6)表示层：对源站内部的数据结构进行编码，形成适合于传送的比特流，到目的站再进行解码，转换成用户所要求的格式(保持信息内容含义不变)。

(7)应用层：直接面向用户，是计算机网络与用户间的界面与窗口，为用户应用程序访问环境提供接口和服务。

四、控制系统中的通信技术

通信技术贯穿控制系统发展始终，并发挥着越来越重要的作用。20世纪五六十年代，基于模拟仪表的仪表控制系统层出不穷，控制系统中传输的是模拟信号。1975年，集散控制系统出现，分布式控制系统架构深入人心，集散控制系统上层的计算机间基于数字信号进行通信；但是，微处理器、A/D转换芯片价格昂贵，工业现场的传感器、变送器和执行器等设备仍为模拟式，通过“一对一导线连接”的方式与上层进行通信，传输信息有限、稳定性较差，导线敷设费用昂贵，安装维护过程繁琐。随着工业生产规模日益扩大，复杂性不断增强，控制要求持续提高，基于模拟信号的数据通信方式日趋局限。

20世纪80年代，随着微电子技术的发展，搭载微处理器的智能化现场设备出现，成本大大降低，迫切需要对应的数字通信技术，现场总线技术应运而生，实现了模拟信号到数字信号的跨越。各国家、标准化组织、工业巨头纷纷开始制定现场总线的标准，曾多达100余种，市场和技术发展需要统一标准的数据通信方式。90年代，计算机网络技术在电信、办公自动化等领域得到成功应用，基于标准TCP/IP协议的Internet高速发展，其开放性协议的构建形式冲击着工业通信技术；以太网作为应用最广泛的局域网通信协议，工业界开始寻求以太网应用于工业生产现场的可能性。以太网的非确定性和有限传输速率无法满足工业控制高可靠性、实时性的需求，限制了以太网的工业应用。21世纪初，快速以太网与交换式以太网技术的发展，为解决以太网的非确定性问题带来了希望，工业以太网技术蓬勃发展，工业通信技术开始走向开放化与标准化。

综上所述，现场总线与工业以太网的“出身”不同，决定了其特点和适用范围存在差异。

现场总线针对 DCS 控制功能没有彻底分散的问题，直接面向底层，在现场级具有天然优势。工业以太网则是面向用户对统一的通信协议和网络的迫切需求，在控制级和监控级展现出了巨大的潜力，在控制系统中，两种技术一般配合使用。下面，具体分析现场总线和工业以太网的产生、发展及展望，梳理其结构、功能及特点，重点分析过程控制系统中常用的现场总线和工业以太网技术。

第二节　现场总线控制系统及其发展

现场总线控制系统继承了集散控制系统“管理集中”的精华，基于现场总线技术实现智能化现场设备与高层设备之间的互连、全数字、串行、双向、多分支通信；而将控制功能彻底下放到现场，基于智能化的现场设备实现基本回路控制功能，实现了控制功能的彻底分散。现场总线控制系统既是一个开放通信网络，又是一种全分布式的控制系统，顺应了过程控制系统网络化、分散化、智能化的发展趋势。本节具体分析现场总线技术产生的原因及发展脉络，在此基础上介绍现场总线控制系统的分类、结构及特点。

一、现场总线技术的产生与发展

现场总线技术是为了解决集散控制系统底层通信存在的诸多问题而出现的。受限于微电子技术水平，20 世纪 70 年代的现场设备多为模拟式仪表，集散控制系统基于模拟信号，采用“一对一导线连接”的方式实现现场设备与上层的通信，接线烦琐，维护困难。随着生产规模的日益扩大、控制要求的不断提高，现场设备越来越多，对设备性能的要求也越来越高，针对基于模拟信号通信方式，现场设备不易拓展，信号传输抗干扰性较差等问题日益突出，基于数字信号的通信方式呼之欲出。

智能现场设备的出现为现场总线奠定了基础。随着微电子技术的飞速发展，微处理器的性能大大提高、成本大大降低。1983 年，Honeywell 公司推出了首个搭载微处理器的智能型压力变送器，数字化智能现场仪表诞生；具有量程和零点远程设定、仪表工作状态自诊断、多参数测量、自动补偿等功能，信号的测量、变送精度更高，性能远超模拟式现场仪表，深受用户欢迎。但是，不同制造商的智能仪表采用各自的通信协议，用户的选择性大大受限，一种标准化的、可以实现智能现场设备与上层通信的技术需求迫切，现场总线应运而生。

1982 年，现场总线的概念在欧洲率先提出。根据国际电工委员会(IEC)的定义，现场总线是安装在制造或过程区域的现场装置与控制室内自动控制装置之间的数字式、串行、多点通信的数据总线，一般安装在制造或过程区域。现场总线的本质是改革了通信方式，用数字、串行的方式替代了模拟和“一对一接线”的方式，信号传输抗电磁干扰能力更强，传输的信息更丰富。

总线协议是现场总线技术的核心，以解决双向串行数字化通信传输为基本目的。总线协议一经确立，对应现场总线的软件功能、硬件设备随之确定，主要包括人机界面、体系结构、现场智能装置、通信速度、节点容量、各系统相连的网关、网桥以及总线供电方式等。

1984 年,在智能现场设备的支撑下,现场总线的实现条件已初步具备,各国家、工业巨头开始根据各自的情况和业务聚焦,进行现场总线标准的研究和制定。同年,国际电工委员会(IEC)开始起草现场总线标准 IEC 61158,致力于形成统一的现场总线标准。但是,现场设备五花八门,处理的信息各有特点,用户需求差异巨大;现场总线技术的发展尚不成熟,技术发源众多,技术继承性差,且不同总线标准牵涉到各大厂商间的经济利益,多种总线标准并存已成为必然。1999 年,IEC 61158 最后一轮投票通过,将 8 种现场总线纳入其标准体系,长达 14 年的"现场总线协议之争"暂时落下帷幕,IEC 致力于统一现场总线标准的努力彻底化为泡影。2007 年,最新版本的 IEC 61158-6-20 发布,囊括了 20 种现场总线。

现场总线技术的发展主要体现为两个方面:一方面是低速现场总线领域的继续发展和完善;另一方面是高速现场总线技术的发展。目前现场总线产品主要是低速总线产品,针对通信速度要求比较低的现场设备,具有较强的适用性。几大现场总线技术均具有自己的特点,并在不同应用领域形成了自己的优势,任意一种技术都难以统一整个世界市场,现场总线技术间的强互操作性仍有很长的路要走。高速现场总线主要实现控制计算机、PLC 等计算速度快、信息传输量大的设备间连接,以及通过网桥与低速现场总线连接,是构建全分散控制系统的关键。高速现场总线发展相比低速现场总线还比较薄弱,其设计、开发竞争十分激烈。此外,现场总线技术的发展受到了计算机网络技术的深远影响,借鉴具有重大影响的网络新技术,也是现场总线技术的发展方向之一。

二、现场总线控制系统的分类与结构

现场总线控制系统(Fieldbus Control System, FCS)是以现场总线为基础发展起来的全数字控制系统,以现场总线技术为核心,以基于现场总线的智能 I/O 或智能传感器、智能仪表为控制主体,以计算机为监控指挥中心,集系统设计、组态、维护、监控等功能为一体。FCS 主要有 3 种结构,每一种结构都有其存在的合理性和适用场景,在控制系统的实现时,需要"量体裁衣",按需选择。

1. 具有两层结构的 FCS

具有两层结构的 FCS 由现场设备和人机接口两部分组成(图 4-3)。现场设备包括符合总线通信协议的各种现场设备,如现场总线变送器、转换器、执行器和分析仪表等,系统控制功能全部由现场设备来完成。人机接口包括操作员站和工程师站,主要用于生产过程的监控以及控制系统的组态、维护和检修。

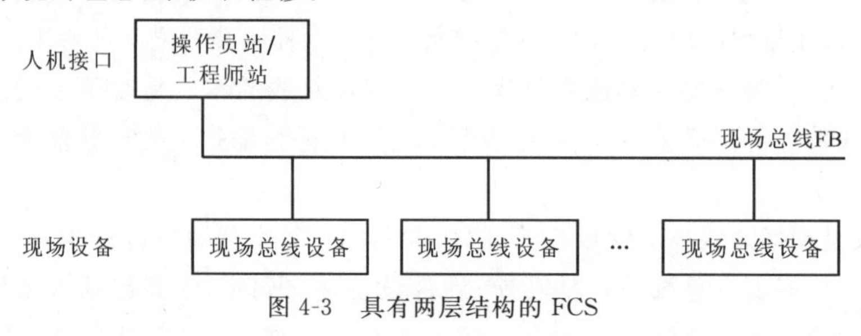

图 4-3 具有两层结构的 FCS

这种结构适用于控制规模相对较小、控制回路相对独立且不需要复杂协调功能的生产过程。在这种情况下，现场设备提供的控制功能即可满足控制要求，控制功能被下放到了现场，简化了整个控制系统的结构。针对各控制回路间的协调功能，可通过操作员站或其他高层计算机实现，或可通过现场总线接口卡实现。

2. 具有三层结构的 FCS

具有三层结构的 FCS 由现场设备、控制站/网关和人机接口 3 部分组成（图4-4）。现场设备包括符合总线通信协议的智能传感器、变送器、执行器、转换器和分析仪表等。控制站/网关可完成基本控制功能或协调控制功能，执行各种控制算法，也可以仅作为高速以太网和低速现场总线的网关进行信息交换。人机接口包括操作员站和工程师站，主要用于生产过程的监控以及控制系统的组态、维护和检修。

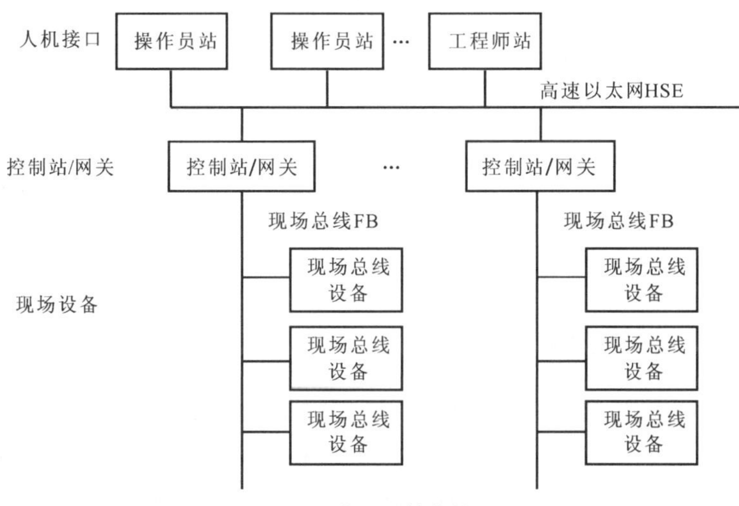

图 4-4　具有三层结构的 FCS

这种现场总线控制系统的结构虽然保留了控制站/网关，但其功能与传统的 DCS 有很大的区别。在 FCS 中，基本回路的控制功能一般由现场总线设备实现，控制站/网关仅完成协调控制或其他高级控制功能。这种结构适用于比较复杂的工业生产过程，特别是控制回路间关联密切，需要协调控制功能的生产过程和特殊控制功能的生产过程。

3. 由 DCS 扩展而成的 FCS

在现场级，FCS 与 DCS 相比具有明显优势，但 DCS 技术成熟，具有丰富的监控、管理等功能。现场总线作为一种先进的现场数据传输技术正渗透到各个领域。DCS 的生产商同样没有故步自封，基于现场总线技术改进现有的 DCS。具体的，DCS 的 I/O 总线上挂接现场总线接口模件，通过现场总线接口模件扩展出若干条现场总线，然后将现场总线与现场智能设备相连，形成了一种由 DCS 扩展而成的现场总线控制系统，结构如图 4-5 所示。

这种现场总线控制系统由 DCS 演变而来，保留了 DCS 的主要特征，适合用户基于已有的 DCS 进行扩展，改造 DCS 中的模拟量 I/O，提高系统的整体性能和现场设备的维护管理水平。此外，基于 DCS 组成的混合控制系统，可在 I/O 总线上挂接不同规范的现场总线接

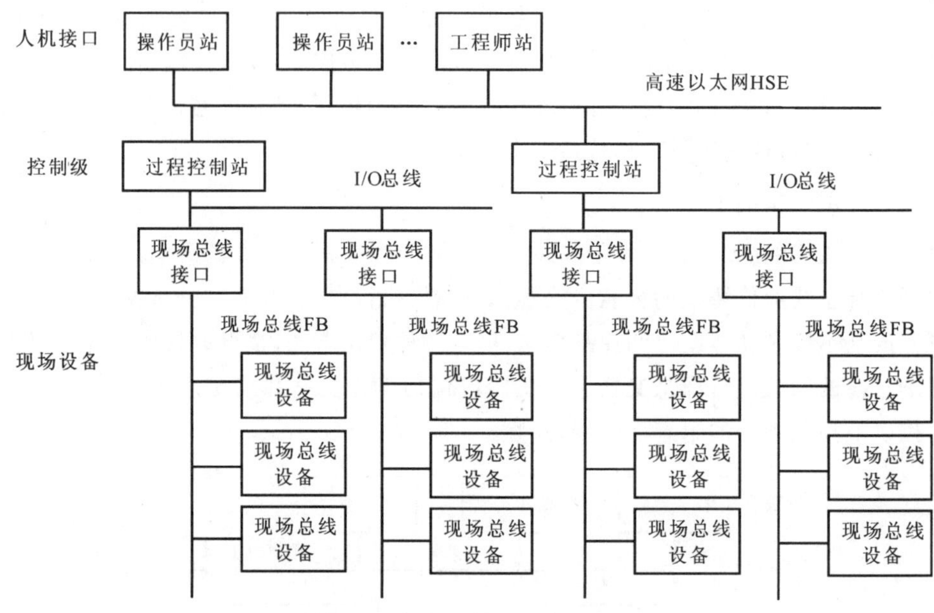

图 4-5　由 DCS 扩展而成的 FCS

口卡，可实现不同类型现场总线设备的集成，DCS 中的过程控制站对不同类型的现场设备进行访问操作。

三、现场总线控制系统的特点

FCS 作为新一代的控制系统，可以把来自不同厂商而遵守同一协议规范的自动化设备，通过现场总线连接成系统，突破了 DCS 采用专用通信网络而导致的系统封闭性。FCS 采用智能现场设备，将 DCS 控制室中的控制模块、I/O 模块置入现场设备，现场设备具有通信能力，测量变送仪表可以向阀门等执行机构直接传送信号，控制功能可直接在现场完成，控制室内主要完成数据处理、监督、优化、协调控制和管理自动化等功能，实现控制功能的彻底分散。FCS 全面采用数字信号传输信息，通过数字通信的纠错功能，大大提高了信号传送精确度；通过两线制可传输丰富的信息，如多个运行参数值、多个设备状态、故障信息等。此外，由于减少了数模、模数转换部件，避免了转换过程带来的误差，提高了控制精度。

FCS 的特点与其产生的背景、采用的核心技术以及系统结构息息相关，主要有以下特点：

(1)互操作性好。具有现场总线接口的设备在硬件和软件上都是标准化的，可以方便地实现设备间的信息传递与沟通，用户可优选不同厂家的产品，综合构建比较理想的控制系统。

(2)开放性好。现场总线为开放式互联网络，技术和标准是全公开的，用户可根据实际需求，基于遵循相同协议的不同品牌产品构建控制系统，从根本上打破了 DCS 系统的封闭性，有利于企业实现信息化控制与管理。

(3)可靠性高。现场总线完全采用数字通信，系统的可靠性和抗干扰能力有了很大提高;控制功能下放到现场,简化了控制系统内部的连接,减少了安装、维护时带来的操作失误。

(4)安装、维护、使用方便。正因为FCS的互操作性和开放性好,使用现场总线接口技术,无需用很多控制电缆连接各控制单元,只需将各控制设备挂接在总线上,显著减少连接导线,便于安装、维护和使用。

(5)系统配置灵活,可扩展性好。FCS组态方式采用功能模块,如I/O、PID控制等,设计简单、易于重构。

第三节　现场总线的技术特点及应用

现场总线(Field Bus)是一种工业数据总线,旨在解决工业现场设备间的数字通信以及现场控制设备和高级控制系统之间的信息传递问题。现场总线简单、可靠、经济实用,受到了许多标准团体和各大厂商的高度重视,产生了各种各样的现场总线协议。本节首先分析现场总线的通信协议模型,即各种现场总线遵循的共同原则,在此基础上,剖析常见现场总线的“出身”、应用范围及特点,最后详细地分析过程控制系统中常用的Profibus现场总线。

一、现场总线通信协议模型

现场总线技术源于信息技术中的计算机网络技术,但又不同于信息技术中的网络。国际电工委员会IEC现场总线工作组,认真考虑用户的要求,建立了全新的IEC 61158现场总线通信协议模型,该模型在OSI七层模型的基础上增加了面向用户的第8层用户层。现场总线协议模型由物理层、数据链路层、应用层和用户层组成(图4-6)。

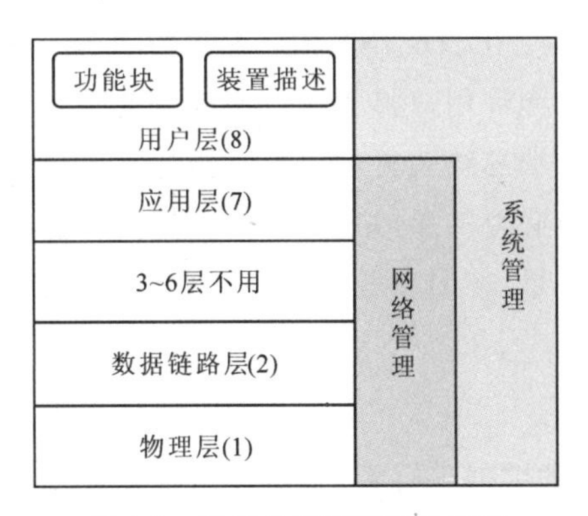

图4-6　现场总线通信协议模型

1. 物理层

物理层规定了通信信号的大小和波形,传输媒体的类型、传输长度、传输速率,与现场仪表的连接技术及台数、供电方式、本安隔离栅等。这一层完全是硬件方面的问题,信道编码采用曼彻斯特编码。

2. 数据链路层

数据链路层分为介质访问控制(MAC)子层和逻辑链路控制子层。MAC子层主要实现对共享总线媒体的“交通”管理,并检测传输线路的异常情况。逻辑链路控制子层在节点间对帧的发送、接收信号进行控制,同时检验传输差错。现场总线的实时通信主要由数据链路层提供,所谓实时就是提供一个“时间窗”,在该“时间窗”内,需要完成具有某个指定级别所确定的一个或多个动作。为了满足实时性要求,IEC 61158.3和IEC 61158.4数据链路层标准中采用了不同于信息技术的全新的数据链路层服务定义和数据链路层规范。IEC现场总线媒体存取机构将令牌传送的灵活性和调运存取的实时性相结合,总线存取的控制可以按照用户的需要实现集中或分散方式,数据传输有很高的确定性和优先级,网络的同步时间小于1ms,IEC数据链路层还可以为实体间的数据交换提供连接服务和无连接服务。

3. 应用层

应用层直接为用户服务,提供适用于应用、应用管理和系统管理的分布式信息服务。开放系统相互连接的管理包括初始化、维护、终止和记录某些数据所需的功能,这些数据与为在应用进程间传送数据而建立的连接有关。现场总线应用层主要组成部分包括应用进程、应用进程对象、应用实体和应用服务元素等。应用层主要提供通信功能、特殊功能以及管理控制功能。现场总线访问子层提供发布者/接收者、客户/服务器和报告分发3种服务,现场总线报文子层(Fieldbus Message Specification, FMS)则提供对象字典服务、变量访问服务和事件服务。

4. 用户层

现场总线用户层具有标准功能块和装置描述功能。为了实现过程自动化,现场装置使用功能块,并使用这些功能块完成控制任务。IEC专门成立了一个工作组SC65C/WG7负责制定标准功能块,制定了AI、AO、DI、DO、PID等共有的32个功能块。现场总线一个很重要的功能是装置的互操作性,允许用户将不同厂家提供的现场装置连接在同一根现场总线上。为了实现互操作,每个现场总线装置都用装置描述来表达。装置描述可被认为是装置的一个驱动程序,它包括所有必要的参数描述和主站所需的操作步骤。由于装置描述包括描述装置通信所需的所有信息,并且与主站无关,所以可以使现场装置实现真正的互操作性。

5. 网络管理与系统管理

网络管理对所有网络间的数据进行管理,监视通信性能及诊断是否出现故障等。系统管理使功能块的执行与功能块参数的通信保持同步,也处理其他一些重要的系统功能。

二、常见的现场总线

现场总线技术的应用场景几乎覆盖了所有连续、离散工业领域,涉及领域十分广泛;现场设备数量繁多、型号各异,处理的信息各有特点,如离散开关量、连续过程量等,对实时性、可靠性、本质安全、传输速率都有不同的要求,用户个性差异性大;现场总线技术的发源众多,包括标准化公司、工业巨头等,相互之间的技术继承性差;各总线设备的生产厂商存在经济利益方面的竞争。这些原因共同导致了多种现场总线并存的现状,均具有自己的特点,在不同应用领域形成了各自的优势。下面分析 7 种典型的现场总线。

1. 基金会现场总线(Foundation Fieldbus, FF)

基金会现场总线在过程自动化领域得到广泛支持,是具有良好发展前景的技术。基金会现场总线的前身是以美国 Fisher-Rousemount 公司为首,联合 Foxboro、横河、ABB、西门子等 80 家公司制订的 ISP 协议,和以 Honeywell 公司为首,联合欧洲等地的 150 家公司制订的 WordFIP 协议。在市场的强大压力下,这两大集团于 1994 年 9 月合并,成立了现场总线基金,致力于开发出国际上统一的现场总线协议。

基金会现场总线取 ISO/OSI 开放系统互连模型的物理层、数据链路层、应用层作为通信模型的相应层次,并在应用层上增加了用户层,具有低速 H1(31. 25 kbps)和高速 H2(1 Mbps和 2. 5 Mbps)两种通信速率。物理传输介质可支持双绞线、光缆和无线发射,协议符合 IEC 1158-2 标准。

2. 过程现场总线(Process Field Bus, Profibus)

Profibus 是德国于 20 世纪 90 年代初制定的国家工业现场总线协议标准,由 Siemens、ABB 等多个机构联合完成,Profibus 在欧洲得到了广泛的应用,Profibus 规范已成为中国国家标准 GB/T 20540—2006,也是目前我国自动化系统设备首选的现场总线标准。Profibus 由 Profibus-DP (De-centralized Periphery)和 Profibus-PA (Process Automation)组成。Profibus-DP 用于分散外设间的信息传输,适合于加工自动化领域的应用,而 Profibus-PA 则适用于过程自动化的总线类型,遵循 IEC 1158-2 标准。

3. 世界工厂设备协议(World Factory Instrumentation Protocol, WorldFIP)

1987 年,Honeywell、Schneider 等大公司联合成立了 WorldFIP 现场总线组织。WorldFIP 现场总线由 WorldFIP 现场总线组织制定,广泛用于发电与输配电、加工自动化、铁路运输、地铁等过程自动化领域。WorldFIP 现场总线协议由物理层、数据链路层、应用层和网络管理 4 个部分组成。其数据通信速率为 31. 25kbps(用于过程自动化)、1Mbps 和 2. 5Mbps(用于制造自动化),传输介质为双绞线或光纤,支持循环、事件和报文 3 种数据传输方式。WorldFIP 具有单一的总线,采用生产者/客户的对等通信模式,可以实现一对一、一对多和一对所有的通信,适用于过程控制及离散控制,而且没有任何网桥或网关,低速与高速部分的衔接用软件的办法来解决。

4. 控制局域网络(Control Area Network, CAN)

CAN 总线最早由全球第一大汽车技术供应商——德国的 BOSCH 公司推出,用于汽车内部测量与执行部件之间的数据通信。CAN 协议只取 OSI 底层的物理层、数据链路层和顶上层的应用层。其信号传输介质为双绞线,通信速率最高可达 1 Mbps/40m。CAN 支持多主方式工作以及点对点、一点对多点和全局广播方式接收/发送数据。它还采用总线仲裁技术,避免总线冲突。当节点出现严重错误时,具有自动关闭功能。CAN 总线规范被 ISO 国际标准组织制定为国际标准，Intel、Motorola、Phillips、NEC等公司生产符合CAN总线通信协议的通信芯片。

5. 局部操作网(Local Operating Network，LonWorks)

LonWorks总线技术由美国Echelon公司于1991年推出的，最初它主要用于Echelon公司的楼宇自动化业务，很快发展到工业现场网。它的主要特色是将通信协议嵌入到一个芯片内，用户采用该芯片及相关的配件就可设计出自己需要的各种应用节点，再利用各节点与路由器/中继器等组成LonWorks网络。LonWorks技术为设计和实现可互操作的控制网络提供了一套完整、开放、成品化的解决途径。

LonWorks技术包括LonTalk协议和神经元芯片。LonTalk协议采用了ISO/OSI模型的全部七层通信协议，使用了面向对象的设计方法，通过网络变量把网络通信设计简化为参数设置，支持双绞线、同轴电缆、光纤、射频、红外线、电源线等多种通信介质。神经元芯片具备通信和控制功能的神经元芯片，能实现完整的LonTalk通信协议。

6. 设备层现场总线(DeviceNet)

DeviceNet总线协议由Rockwell公司于1994年推出，是一种基于CAN总线技术的，符合全球工业标准的开放型、低成本、高性能的通信网络，通过一根电缆将诸如可编程序控制器、传感器、光电开关、操作员终端、电动机、轴承座、变频器和软起动器等现场智能设备连接起来，是分布式控制系统减少现场I/O布线数量，并将控制功能下载到现场设备的理想解决方案。

DeviceNet作为工业自动化领域广为应用的网络，不仅可以作为设备级的网络，还可以作为控制级的网络，通过DeviceNet提供的服务还可以实现以太网上的实时控制。较之其他的一些现场总线，DeviceNet不仅可以接入更多、更复杂的设备，还可以为上层提供更多的信息和服务。在制造业、工业控制和电力系统等领域得到了广泛的应用。

7. 控制层现场总线(ControlNet)

ControlNet总线协议由Rockwell公司于1995年推出的面向控制层的实时性现场总线网络，具有高速、高度确定性和可重复性等优点，特别适用于实时、高信息吞吐量的复杂应用场合。Rockwell是全球最大的致力于工业自动化与信息化的公司，1997年，Rockwell等22家企业联合发起建立了ControlNet International组织，成员包括Honeywell、ABB等世界知名大公司。

ControlNet采用生产者/消费者模式(Producer/Consumer Model)，支持主从通信、多主通信、对等通信或这些通信的任意混合形式，既可以满足对时间有苛求的控制信息和I/O数据的传输要求，又可以满足对时间非苛求的信息发送和程序上载/下载的需要。它的数据传输速率高达5Mbps，主要物理介质是同轴电缆，也支持光纤输介质，采用总线结构。ControlNet还支持冗余网络结构，提高了网络的可靠性。

从控制功能实现的角度，采用何种总线标准对用户来讲是透明的，用户更关心由总线构建的控制系统功能和性能，需要从实际需求出发选择合适的现场总线技术。

三、Profibus 现场总线

Profibus 现场总线是一种功能完善、开放式、实时性好的现场总线，广泛地应用于流程工业自动化、制造业自动化等领域。Profibus 集成了 H1(过程)和 H2(工厂自动化)的现场总线解决方案；采用 Profibus 的标准系统后，不同制造商的设备不需对其接口进行特别的调整就可以通信；可用于高速并对时间苛求的数据传输及大范围的复杂通信场合。

Profibus 的特点为可使分散式数字化控制器从现场层到车间级网络化，该系统分为主站和从站。主站决定总线的数据通信，当主站得到主线控制权(令牌)时，没有外界请求也可以主动发送消息。从站为外围设备，典型的从站包括输入设备、控制器、驱动器和测量变送器，它们没有总线控制权，仅对接收到的信息给予确认或当主站发出请求时向主站发送消息。

1. Profibus 协议组成

针对不同的应用场合，Profibus 分为 Profibus-DP、Profibus-PA、Profibus-FMS 三个系列。

(1)Profibus-DP(Decentralized Periphery，分布式外围设备)。它是一种高速低成本的现场总线，用于传感器、执行器级的高速数据传输，主要应用于现场级。一般构成单主站系统，主站、从站间采用循环数据传送方式工作。

(2)Profibus-PA(Process Automation，过程自动化)。Profibus-PA 协议针对安全性要求较高的场合而制定，是 Profibus 的过程自动化解决方案。Profibus-PA 将自动化系统和过程控制系统与现场设备，如压力、温度和液位变送器等，连接起来，代替了 4～20mA 模拟信号传输技术，在现场设备的规划、敷设电缆、调试、投入运行和维修成本等方面可节约 40%，并大大提高了系统功能和安全可靠性。因此 Profibus-PA 尤其适用于化工、石油、冶金等行业的过程自动化控制系统。

(3)Profibus-FMS(Fieldbus Message Specification，现场总线信息规格)。Profibus-FMS 旨在解决车间一级通用性通信任务，可提供大量的通信服务，用以完成以中等传输速度进行的循环和非循环的通信任务。它是完成控制器和智能现场设备间的通信以及控制器间的信息交换，因此考虑的主要是系统的功能而不是系统响应时间，应用过程通常要求的是随机的信息交换(如改变设定参数等)，强有力的 FMS 服务向人们提供了广泛的应用范围和更大的灵活性，可用于大范围和复杂的通信系统。

2. Profibus 协议结构

Profibus 协议结构符合图 4-6 所示的现场总线通信协议模型，并根据其特点进行了拓展，Profibus 协议结构如图 4-7 所示。

Profibus-DP 使用第 1 层、第 2 层和用户接口。这种结构确保了数据传输的快速和有效进行。直接数据链路映像为用户接口提供第 2 层功能映像，用户接口规定了用户及系统，以及不同设备可以调用的应用功能，并详细说明了各种不同 Profibus-DP 设备的设备行为。

Profibus-PA 使用 Profibus-DP 的基本功能来传送测量值和状态，并用扩展的 Profibus-

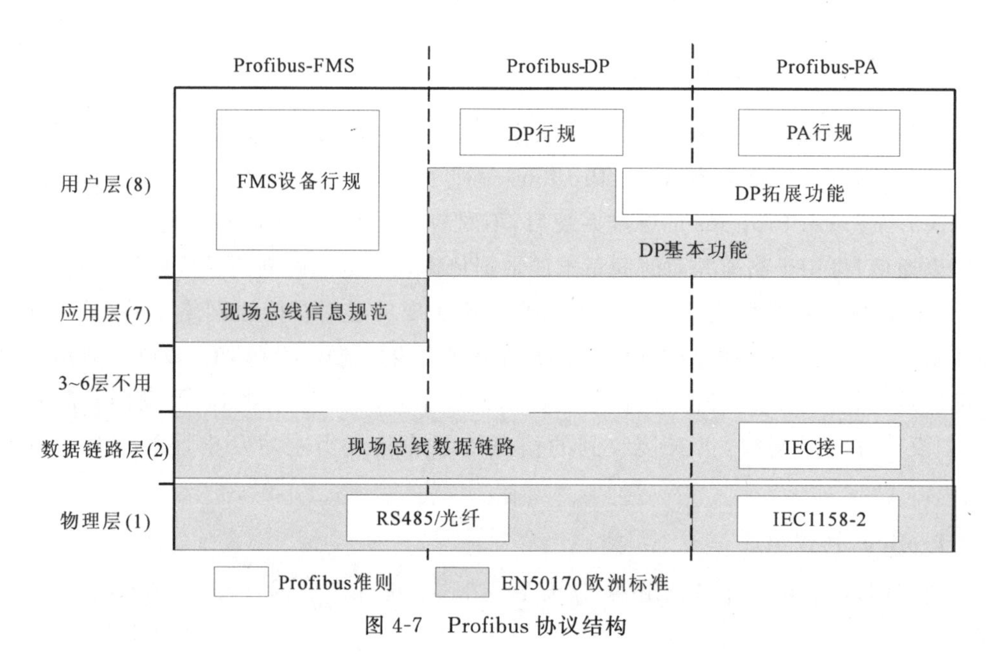

图 4-7 Profibus 协议结构

DP 功能来制定现场设备的参数和进行设备操作，另外，它使用了描述现场设备行为的 PA 行规，根据 IEC1158-2 标准，这种传输技术可确保其本质安全性，并使现场设备通过总线供电。

Profibus-FMS 对第 1、第 2 和第 7 层均加以定义，其中应用层包括了现场总线信息规格(FMS)和低层接口，FMS 向用户提供了广泛的通信服务功能，低层接口则向 FMS 提供了不依赖设备访问第 2 层(现场总线数据链路层)的能力，第 2 层主要完成总线访问控制和保持数据的可靠性。FMS 服务是加工制造信息规范服务项目的子集，这些服务项目在现场总线应用中被优化，而且还加上了通信目标和网络管理功能。

Profibus-DP 和 Profibus-FMS 系统使用了同样的传输技术(RS485/光纤)和统一的总线访问协议，因而这两套系统可在同一根电缆上同时操作。

第四节 工业以太网及其通信协议

工业以太网技术是面向工业控制领域实际需求，对商用以太网技术进行改进和完善的产物。它在技术上与商用以太网的 ISO 802.3 标准兼容，成本低廉，技术成熟，容易与管理系统集成；同时具有可靠性好、实时性高、抗干扰性强的特点，满足工业控制系统网络通信的需求。本节具体分析工业以太网技术产生的背景及发展脉络，在此基础上介绍其特点及常用的工业以太网协议。

一、工业以太网的产生和发展

20 世纪 90 年代，工业控制系统向分布式、开放性的方向发展，用户对具有统一通信协议的通信技术需求迫切。工业生产过程日益复杂，工业界希望构建计算机集成制造系统(Computer Integrated Manufacturing Systems，CIMS)，实现控制、调度、优化、决策、管理的一体化，提高生产效益；这要求企业对现场层到管理层的信息进行全面无缝集成，并提供开放的基础构架。主流的现场总线技术标准不统一，不同现场总线协议互不兼容，与管理信息系统的集成需要通过其他技术，无法承担此历史使命，新的工业通信技术呼之欲出。

计算机网络技术在电信、办公自动化等领域得到了成功应用，基于标准 TCP/IP 协议的 Internet 高速发展，其开放性协议的构建形式为工业通信技术带来了希望。以太网是应用最广泛的局域网。1973 年，施乐实验室的麦卡菲博士发明了以太网；1976 年，施乐公司构建基于以太网的局域网络，连接了 100 余台 PC 机；20 世纪 80 年代初，IEEE 802 委员会(局域网/城域网标准委员会)完成了局域网体系结构的制定，推出了 IEEE 802 参考模型，对应 ISO/OSI七层参考模型中的物理层和数据链路层。1983 年，IEEE 802 委员会推出了 IEEE 802.3，即载波监听多路访问/冲突检测(CSMA/CD)介质访问控制技术的网络标准，奠定了以太网在局域网络中的地位。以太网全开放、全数字化、支持 TCP/IP 协议，基于此不同厂商的设备可以很容易实现互连；具有传输速度高、低能耗、易于安装、兼容性好、软硬件产品丰富、技术成熟等多方面的优势，在商业系统中被广泛采用，与管理信息系统的集成具有天然的优势。工业界开始寻求以太网应用于工业生产现场的可能性。

以太网应用于工业领域存在两方面的问题。一方面，以太网采用 CSMA/CD 碰撞检测方式，具有较强的随机性，当网络负荷较大时，数据传输的速率受限，无法满足确定性、高实时性的工业通信需求；另一方面，传统以太网所用的接插件、集线器、交换机和电缆等均是为商用领域设计的，没有针对较恶劣工业现场环境进行设计，如冗余直流电源输入、高温、低温、防尘等，商用网络产品无法直接应用于可靠性要求高的工业现场。随着网络技术的发展，这两个问题已得到解决。以太网的通信速率由最初的 10M 增大到 21 世纪初的 1000M，在数据吞吐量相同的情况下，网络负荷减轻，网络传输延时减小，网络碰撞机率大大下降；通过交换式以太网技术和全双工通信，可使网络上的冲突域不复存在，通信确定性和实时性大大提高。各大公司开发工业用的集线器、交换机、接插件等产品，保证了以太网在极端条件下也能稳定工作。

工业以太网可与智能仪表技术、Web 技术和计算机网络技术进行深度融合。嵌入式控制器、智能现场测控仪表和传感器将方便地接入工业以太网，与互联网相连。与 Web 技术相结合，可实现生产过程的远程监控、远程设备管理、远程软件维护和远程设备诊断。与计算机网络集成，组建成统一的企业网络，从而把管理、决策、市场信息和生产控制信息结合起来，把各种应用协调成一个整体，实现产品生产加工、原料供应与生产储运、市场信息、企业管理、决策等过程的一体化。

二、工业以太网的特点

工业以太网与一般的商用以太网(邮电通信网络、办公自动化网络等)不同，具有自己突出的特点，主要体现在以下几个方面。

1. 快速实时响应能力

用于工业控制的局域网络应具有良好的实时性，能及时地传输现场过程信息和操作管理信息，网络需要根据现场通信实时性的要求，在确定的时限完成信息的传送。这里所说的“确定”的时限，是指无论在何种情况下，信息传送都能在这个时限内完成，而这个时限则是根据被控制过程的实时性要求确定的。一般工业控制局域网络的响应时间在 0.01～0.5s 以内，高优先级信息对网络的存取时间不超过 10ms，而办公自动化局域网络的响应时间则允许在几秒范围内。

2. 恶劣环境的适应性

用于工业控制的局域网络通常工作在恶劣的工业现场环境下，受到各种各样的干扰，如电源干扰、电磁干扰、雷击干扰及地电位差干扰等。为此，应采取各种相应的技术措施（如光电隔离技术、整形滤波技术、信号调制解调技术等）克服各种干扰的影响，以保证通信系统在恶劣的环境下正常工作。

3. 高可靠性

绝大多数工业控制系统的通信系统必须保持持续运行，特别是应用于电力、石化等重要行业的集散控制系统。否则，通信系统的任何中断和故障都可能造成生产过程的中止或引起设备故障与人身事故。因此，用于工业控制过程的局域网络应具有极高的可靠性。通常，除在网络中采取各种有效的信号处理和传输技术，使通信误码率最大限度降低外，还采用了双网冗余方式，以进一步提高局域网络运行的可靠性。

三、常用的工业以太网协议

工业自动化网络控制系统不单单是一个完成数据传输的通信系统，而且还是一个借助网络完成控制功能的自控系统。它除了完成数据传输之外，往往还需要依靠所传输的数据和指令，执行某些控制计算与操作功能，由多个网络节点协调完成自控任务。因而它需要在应用、用户等高层协议与规范上满足开放系统的要求，满足互操作条件。

对应于 ISO/OSI 七层通信模型，以太网技术规范只映射为其中的物理层和数据链路层；而在其之上的网络层和传输层协议，目前以 TCP/IP 协议为主。对较高的层次如会话层、表示层、应用层等没有作技术规定。商用计算机设备之间多通过 FTP（文件传送协议）、Telnet（远程登录协议）、SMTP（简单邮件传送协议）、HTTP（万维网协议）、SNMP（简单网络管理协议）等应用层协议进行互信息透明访问，在互联网上发挥了非常重要的作用。但这些协议所定义的数据结构等特性不适合应用于工业过程控制领域现场设备之间的实时通信。

为满足工业现场控制系统的应用要求，必须在 Ethernet＋TCP/IP 协议之上，建立完整的、有效的通信服务模型，制定有效的实时通信服务机制，协调好工业现场控制系统中实时和非实时信息的传输服务，形成为广大工业控制生产厂商和用户所接收的应用层、用户层协议，进而形成开放的标准。为此，各现场总线组织纷纷将以太网引入其现场总线体系中的高速部分，利用以太网和 TCP/IP 技术，以及原有的低速现场总线应用层协议，构成了工业以太网协议，如 Profinet、Ethernet/IP、EPA 等。

1. Profinet

Profinet 是由 Profibus 国际组织提出的基于实时以太网技术的自动化总线标准，将工厂自动化和企业信息管理层信息技术有机地融为一体，同时又完全保留了 Profibus 现有的开放性。Profinet 支持除星型、总线型和环型之外的拓扑结构。为了减少布线费用，并保证高度的可用性和灵活性，Profinet 提供了大量工具实现方便安装。囊括了诸如实时以太网、运动控制、分布式自动化、故障安全以及网络安全、过程自动化等领域。Profinet 包括以下两方面的技术：

(1)实现了基于通用对象模型的分布式自动化系统，提供了独立于制造商的通信、自动化和工程模型，将通信系统、以太网转换为适应于工业应用的系统。

(2)规定了 Profibus 和标准以太网之间的开放、透明通信，适用于以太网和任何其他现场总线系统之间的通信，可实现与其他现场总线的无缝集成。实现从现场级到管理级通信的连续性，增加了生产过程的透明度，优化了公司的系统运作。

2. Ethernet/IP

Ethernet/IP 是主推 ControlNet 现场总线的 Rockwell 公司对以太网进入自动化领域做出的积极响应。EtherNet/IP 网络采用商业以太网通信芯片、物理介质和星型拓扑结构，采用以太网交换机实现各设备间的点对点连接，能同时支持 10Mbps 和 100Mbps 以太网商用产品，Ethernet/IP 的协议由 IEEE 802.3 物理层和数据链路层标准、TCP/IP 协议组、控制和信息协议 CIP(Control Information Protocol)3 个部分组成，前面两部分为标准的以太网技术，其特色就是被称作控制和信息协议的 CIP 部分。Ethernet/IP 为了提高设备间的互操作性，采用了 ControlNet 和 DeviceNet 控制网络中相同的 CIP，CIP 一方面提供实时 I/O 通信，另一方面实现信息的对等传输，其控制部分用来实现实时 I/O 通信，信息部分则用来实现非实时的信息交换。

3. EPA (Ethernet for Plant Automation)

EPA 是由浙江大学牵头制定的新一代现场总线标准《用于工业测量与控制系统的 EPA 通信标准》(简称 EPA 标准)，是我国第一个拥有自主知识产权并被 IEC 认可的工业自动化领域国际标准(IEC/PAS 62409)。EPA 系统是一种分布式系统，它利用 ISO/EC 8802.3、IEEE 802.11、IEEE 802.15 等协议定义的网络，将分布在现场的若干个设备、小系统以及控制/监视设备连接起来，使所有设备一起运作，共同完成工业生产过程和操作中的测量与控制。EPA 系统结构提供了一个系统框架，用于描述若干个设备如何连接起来，它们之间如何进行通信、如何交换数据和如何组态。

EPA 采用分段化系统结构和确定性通信调度控制策略，解决了以太网通信的不确定性问题，使得原本用于管理级、监控级的以太网和无线局域网可直接用于变送器、执行机构、远程 I/O、现场控制器等现场设备间的通信。采用 EPA 网络可以实现管理级、监控级、现场级网络通信平台的统一，即所谓的“E 网到底”。用户可以在世界的任何地方通过其访问权限，直接通过常用的工具或软件(而不是专用软件)访问智能工厂中的任何一个设备。

习　题

(1)为什么带宽越高的传输介质(媒体)传输数字信号的速率可以越高?

(2)如何理解现场总线和工业以太网是应运而生的?

(3)现场总线与信息技术中的计算机网络技术的联系与差别各是什么?

(4)现场总线和工业以太网的定义及技术特点是什么?

(5)DCS 和 FCS 的主要区别是什么?

(6)Profibus 的总线存取控制机制是什么?

(7)什么是本质安全?

(8)Profibus 有几种类型,其技术特点及应用范围是什么?

(9)Profibus 通信模型与 ISO/OSI 通信模型的关系是什么?

(10)现场总线和工业以太网有什么区别?

(11)简述 Profibus 的特点和优势。

(12)EPA 与 ISO/OSI 通信模型的映射关系是什么?

(13)某企业想要建设工业以太网,其现场设备包括 Profibus-DP 的设备、模拟数字信号的采集、设备的流程控制等,按照工业以太网的三层网络标准,请画出相应的以太网络图,并列出主要的设备及其功能。

第五章　过程监控系统

过程监控系统在过程控制领域占有举足轻重的作用，它可以将现场集中采集的大量过程数据以可视化的方式呈现，使得操作人员能够在中央监控室真实、直观地了解工业现场生产状态并基于此进行调度与决策，从而实现工业过程的实时监测与控制。一方面，过程监控系统可以对具有危险性的工业生产过程进行远程监测与控制，保障工人操作安全；另一方面，过程监控系统正在成为工业大数据的"汇聚地"，支撑着企业车间设备的互联互通、生产过程数据的实时采集与分析以及多个控制系统的优化集成，可以极大地提高企业竞争力，是推动制造业数字转型、智能升级的基础。本章首先分析过程监控系统的典型结构，以及其中关键技术的发展历程与趋势；然后介绍过程监控系统的关键技术与特点；最后，以钢铁冶金中的炼焦过程监控系统为实例，分析过程监控系统的具体构建过程。

第一节　过程监控系统及其发展

过程监控系统是一个混杂的层级系统，采用了集散控制系统的基本架构，将 PLC 作为与工业现场控制单元和检测仪表连接的纽带，将现场总线、工业以太网、以太网等作为不同层级间的通信手段，通过人机接口技术、标准数据通信接口技术和数据库技术，将不同形式的过程控制系统融合在一起。本节首先分析过程监控系统的产生与组成结构；然后重点梳理人机接口等关键技术的发展历程；最后展望过程监控系统未来的发展趋势。

一、过程监控系统的产生

在实际生产应用的过程中，为了帮助操作员实时了解整个生产过程以及设备的运行状况，过程监控系统应运而生，对生产装置的关键回路及主要工艺参数进行实时监测和动态跟踪控制。1958 年，美国 Lousina 公司电厂投入第一个计算机安全监视系统，通过一台计算机对全厂的设备运行情况进行监控；过程监控系统随着过程控制系统的发展而发展，经历了集中式监控系统、以集散控制系统为基础的分布式监控系统、以现场总线控制系统为基础的网络化过程监控系统。

过程监控系统通过监控现场情况和记录故障信息，能够及时发现故障、定位故障、解决故障，有效减少控制系统的平均维修时间，提高系统的运行效率。过程监控系统允许操作员远程地对生产过程进行监测和控制，进行远程控制参数的设定、远程数据的显示，并对远程系统发送命令，如同操作员在现场一样的操作，保证了控制系统的高效工作，同时又改善了操作员的工作环境。

典型的过程监控系统综合了多种过程控制系统的优势。具体采用了集散控制系统“管理集中、控制分散”的基本思想，将可靠性高、抗干扰能力强的 PLC 作为基本的控制站，通过现场总线与控制单元和检测仪表进行交互，其典型结构如图 5-1 所示。按照功能可分为基础自动化层、过程控制层和集中监视层 3 层。基础自动化层通过现场总线直接与现场设备进行通信，检测现场设备的生产工作状态，同时将过程控制层的决策信息通过阀门等执行机构作用于生产过程；过程控制层通过工业以太网与基础自动化层进行通信，能够实时采集数据、保存历史数据、生成控制指令并下发指令；集中监控层实时地监控生产流程。

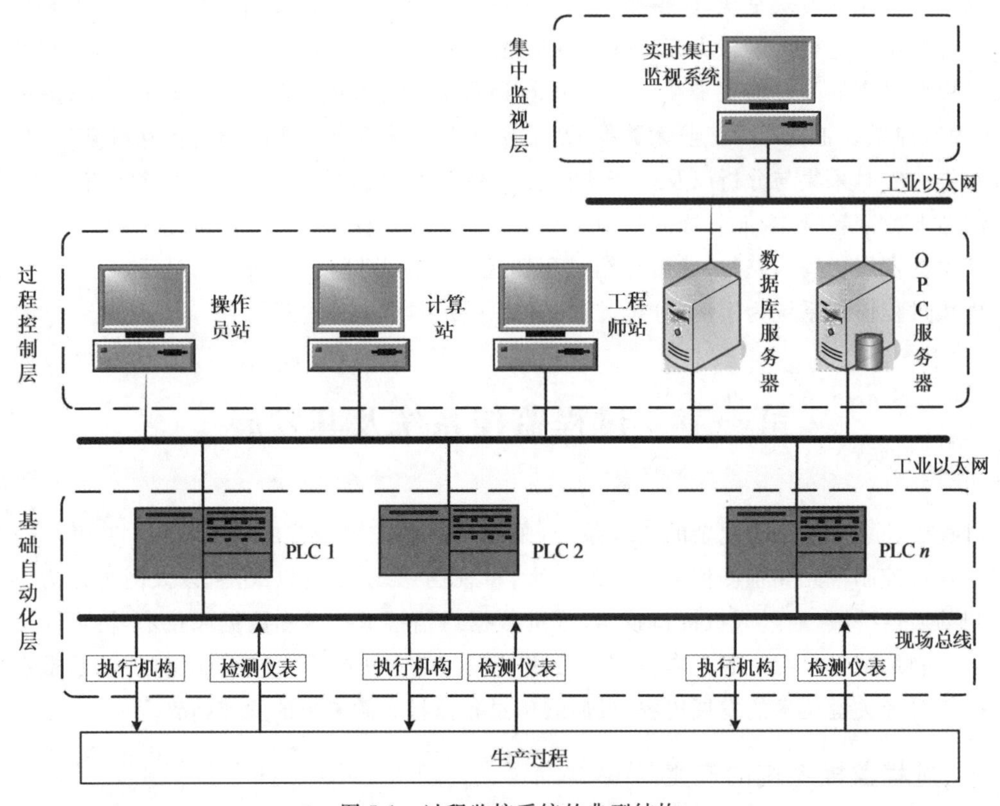

图 5-1　过程监控系统的典型结构

1. 基础自动化层

基础自动化层分布在工业现场，由现场检测仪表、执行机构和 PLC 组成，其与生产过程之间存在着大量的 I/O 站，通过 I/O 站进行信息传输，完成生产现场数据的采集与设备控制。通过 PLC 可以实现对生产过程的各类参数（如温度、流量、压力、阀门开度等）的实时检测，一些难以实现检测的参数可以由人工记录并写入控制层的数据库中。基础自动化层接收到过程控制层下发的控制指令后，可以将其转化为执行机构相应的动作，如阀门开度，并通过 PLC 输出模块驱动相应的电机，完成阀门开度的调整。

2. 过程控制层

过程控制层主要由控制计算机、OPC(OLE for Process Control)和数据库组成。控制计算机包括操作员站、计算站和工程师站。操作员站是操作员与生产过程的接口,直观、有效地为操作员呈现生产过程的特性,为操作员对生产过程的具体操作提供支撑,提供报警、趋势显示、记录和打印报表等功能;计算站主要完成复杂的数据处理和运算功能;工程师站是工程师进行系统设计的工作站,工程师利用图形化的设计软件来构建控制系统、设计控制算法,这种设计过程称为组态。OPC 服务器为不同设备提供了一种开放式的数据通信接口,灵活性强、响应速度快。数据库则用于存储过程监控系统中的数据。

3. 集中监控层

集中监控层从 OPC 服务器中获得生产过程的实时数据,对生产过程状态进行在线监测;从数据库中获得历史数据,对生产过程历史状态进行统计分析;通过人机界面对实时与历史数据进行渲染、显示,便于管理决策人员观看,为管理系统提供支撑。

可见,人机界面、组态软件、OPC 技术和数据库技术在过程监控系统中起着重要的作用,与多种过程控制系统的硬件相结合,构成了过程监控系统。下面,具体梳理过程监控系统关键技术的发展历程。

二、过程监控系统关键技术的发展历程

过程监控系统中主要有 3 种关键技术,即人机接口、OPC 和数据库技术,上述每种技术的发展都深刻地影响着过程监控系统。人机接口技术包括人机界面技术和组态软件技术。人机界面是人与计算机或系统进行交互的重要途径,组态软件是快速构建个性化过程监控系统的平台;OPC 技术是多种设备、控制系统间数据交互的纽带;数据库则是实现海量数据的独立、可靠存储的主要手段。

1. 人机界面的发展历程

人机界面(Human Machine Interface, HMI)是人与计算机之间传递、交换信息的媒介和对话接口,具体包括信息的输入和输出。人机界面的发展历程,是从人适应计算机到计算机不断地适应人的发展史。在过去的几十年间,人机界面经历了从命令行界面到图形用户界面两个主要发展阶段的演变。命令行界面要求用户使用键盘按照一定的规则输入字符,以形成可供机器识别的命令和参数,并触发计算机执行。键盘输入的准确率相对较高,冗余的操作较少,熟练的操作员可以实现十分高效的人机交互,但是不直观,机器命令与自然语言的构造规则相去甚远,操作员需要记忆大量的指令,学习成本高。图形用户界面则是将命令和数据以图形的方式展示给操作员,通过"所见即所得"的方式与显示的界面元素进行交互,摆脱了抽象的命令,通过利用人们与物理世界交互的经验来与计算机交互,大大降低了操作员的学习和认知成本。

工业过程中人机界面的发展始于 1975 年 Honeywell 的 TDC2000 诞生之时,由指示灯和机械开关组成的操作台迈入了基于 CRT 显示器的时代。操作员可以通过显示器获得相关的过程变量,观察变量随时间的变化曲线,分析当前的操作运行状态;但当时操作控制台

多为专用,价格不菲。由于命令行界面的直观性差,未在工业过程广泛应用。1985 年,具有图形用户界面的 Windows 操作系统问世,出现了第三方的图形图像软件,涌现了一批开发图形显示的新公司。1987 年,Wonderware 公司主导开发了基于 Windows 系统的人机界面软件 InTouch,为操作员方便而有效率地监控操作过程提供了支撑,北京亚控科技发展有限公司 1995 年推出组态王 King View1.0,后来在市场上推广了 King View6.53、KingView 6.55等版本,组态王在国产人机界面软件市场占有率排第一。

2. 组态软件的发展历程

组态即配置、设置、设定,组态软件指用户通过图形块拖拽、表格填写等"搭积木"的方式搭建人机交互界面,配置图形化界面中的元素属性,使其与物理实体相关联,从而构建个性化的监控软件。组态软件出现之前,工业控制计算机系统的软件功能通过软件人员编程实现,开发时间长,效率低,通用性差,对于每个不同的应用对象都要重新设计或修改程序。而购买专用的工控系统,选择余地小,难以满足个性化的需求,且开放性差,与其他软件的数据交互困难,维护、升级困难。随着工业自动化水平的提升,种类繁多的控制设备和过程监控装置在工业领域广泛应用,传统的工业控制软件已无法满足用户的个性化需求。组态软件将用户从这些困境中解脱了出来,使用组态工具将软件功能和硬件设备进行组合与配置,即可按需组建监控系统。

组态软件诞生于 20 世纪 80 年代初,起初多运行于磁盘操作系统中;90 年代,Windows 系统风靡全球,Intouch 开创了在 Windows 系统中运行工业控制软件的先河。21 世纪初,随着嵌入式技术的高速发展,基于嵌入式的人机界面产品出现,国内外推出了多款组态软件。WinCC 是西门子公司推出的组态开发环境,主要配合该公司的自动化硬件产品,结构复杂,功能强大,在工业现场得到了广泛的应用;iFIX 是 Intellution 公司推出的一个系列组态软件,具有强大的组态功能;Citect 也是较早进入中国市场的产品,具有简洁的操作方式,但其操作方式更面向于程序员而非工控用户。

国内也有许多应用广泛的组态软件,组态王(King View)由北京亚控科技发展有限公司推出,简单易用,易于进行功能扩展,有良好的开放性,支持众多硬件设备;力控(Force Control)是北京三维力控科技有限公司推出的一款国内较早的组态软件,是一个生产智能化与业务可视化的综合生产管理平台;台达 DIAView 工业组态系统是一套架构在计算机上具有实时系统监控、数据采集和分析功能的自动化管理系统,可与台达全系列机电产品通信。

3. OPC 技术的发展历程

20 世纪 90 年代,Windows 操作系统在工业领域逐渐占据主流位置。在开发过程监控系统时,需要立足于 Windows 操作系统将生产现场不同设备的数据采集到统一的应用软件中。此阶段,现场设备之间、现场设备与控制系统软件之间的信息共享是通过驱动程序来实现的,生产现场有多少不同的设备和控制系统软件,系统开发者就需要编写多少独立的驱动接口,以实现数据交互,且驱动接口要随着设备厂商产品的升级而更新。因此,工业界迫切需要一种高效可靠、开放互连的标准接口。

OPC(OLE for Process Control)是微软公司的对象链接和嵌入(Object Linking and

Embedding, OLE)技术在过程控制方面的应用,为过程控制软件面向对象的开发提供一项统一的标准。采用这项标准后,硬件开发商根据硬件的特性提供统一的OPC接口程序,避免了驱动程序的重复开发,大大降低了开发费用。系统开发者则以统一的方式访问符合OPC规范的现场设备,增强了现场设备的透明性,使得控制系统开发者从底层的开发中脱离出来。OPC是一种技术平台,不论客户端是谁,不论客户端使用何种过程控制软件,只要符合OPC规范,都可以畅通无阻地从设备中取得数据。

OPC技术基于微软Windows平台,不能实现跨平台访问,随着Linux、Android、IOS等新平台不断涌现,OPC封闭的技术架构已经无法满足多样化的需求。2006年,OPC基金会发布了OPC统一架构,即OPC以面向服务架构为基础,真正实现了跨平台。Windows、Linux、Unix、智能手机终端,甚至是嵌入式系统,都可以在统一的平台上畅通无碍地交互数据。计算机技术和工业控制技术在不断进步,OPC技术同样也在与时俱进,大量用于重要工业网络和关键基础设施网络中不太系统之间的数据安全传输,正以更开放灵活的方式为数字化工厂、智能工厂服务。

4. 数据库技术的发展历程

针对工业过程,随着产业集中度的持续提升和信息技术的全面应用,海量生产过程数据的可靠存储与实时处理需求日渐强烈和迫切。这些海量规模的生产数据对于企业的过程实时监控、生产工艺评估、商业经营决策等均有着重要价值,是企业提质增效升级的有力武器和宝贵财富。数据库技术在企业生产信息的集成、存储和处理环节均起着关键作用,是工业过程信息化的核心基础设施。

数据库技术的发展经历了4个阶段。20世纪60年代,计算机技术发展迅速,信息化管理广泛应用于企业决策,数据处理规模急剧扩大,具有更高数据独立性和共享性的数据库系统出现。以树状结构为基础的层次数据库是最早的数据库系统,符合人们的思维习惯,但只能刻画一对多的实体关系;在此基础上改进得到网状数据库,以有向图结构为基础,可以刻画多对多的实体关系,但网状数据库中的数据间相互依赖,维护、更新较为繁琐。70年代,模型简单的关系数据库出现,结构化查询语言(Structured Query Language, SQL)可方便地对数据进行查询、修改、安全性控制等操作,方便用户使用。90年代,针对关系数据库无法表达和处理非结构化数据的问题,面向对象数据库系统诞生,大大提高了数据库对实体的描述能力。如今,数据库技术与人工智能技术、网络技术、并行计算技术、云计算技术和多媒体技术等的相互融合,成为数据库新的发展趋势。

Oracle数据库作为一种大型企业常用的数据库,诞生于20世纪70年代关系型数据库开发的热潮中,此后Oracle公司上市,Oracle数据库不断更新迭代,其发展可以分为C/S架构、互联网架构和大数据3个阶段。第一阶段,传统的C/S架构的数据库主要解决数据库的高可靠性问题,Oracle数据库的核心优势在于高效、安全、稳定等;第二阶段,随着支持互联网计算环境的Oracle数据库引入Oracle RAC技术(RAC是Real Application Clusters,译为实时应用集群),该技术用来在集群环境下,不仅能实现多机共享数据库,保证应用的高可用性,还能实现数据库在故障时的容错和无断点恢复,是Oracle数据库支持网络计算环境的核心技术；第三阶段的Oracle数据库支持云计算，该阶段的Oracle数据库进入了自治时代，自治数据库可自动化管理、监视所有数据库和基础设施，自治数据库内置专业功能，可有效防范外部攻击和内部恶意用户访问，避免因未打补丁或执行数据库加密而遭到网络攻击，自治数据库可防止包括计划外维护在内的停机。

三、过程监控系统的发展趋势

随着智能制造的持续深入，物联网、大数据、云计算以及边缘计算等新一代数字化技术快速融入到工业过程，传统工业迎来了无限可能。新的制造模式和商业模式的出现，在推动工业制造转型的同时，也给企业带来了巨大的挑战。在智能工厂构建过程中，企业车间设备需要互联互通，生产过程状态数据需要及时地采集与分析，各个自动化控制系统要实现一体化集成，这都需要"更高阶"的过程监控系统予以支撑。传统过程监控系统虽然能让企业方便地监控散布在各地的生产过程和设备仪表，随着工业智能化落地场景的不断增多，面对日趋增长的数字化和智能化互联协作需求，传统过程监控系统力有不逮。

过程监控系统的发展趋势可概括为5个方向，即大数据、大集成、虚拟化、智能化和云平台。大数据就是为未来企业的物联网和智能工厂建设搭建工业数据平台。大集成指根据发展的需要扩展系统或者将多个系统集成，能够将大量的生产数据和设备仪表信息无缝集成，方便控制和监测。虚拟化使用户减少硬件和维护，通过虚拟现实与增强显示技术直观显示关键运行状态的动态变化。智能化通过多个维度、不同视角对生产过程进行实时监控，有助于生产操作的高效化和管理决策的科学化。云平台支撑多源异构大数据的实时采集、传输、查询、存储，通过物联网、云计算以及边缘计算，将数据采集和监视控制能力从远端延伸到边缘端，实现对远程分布式系统的"超远程"监控。

第二节　过程监控系统的技术与特点

过程监控系统的主要环节包括：生产过程中的数据和设备状态的采集与监测，工业控制计算机搭载组态软件对这些数据和工业过程进行处理和显示，操作员通过组态软件和人机界面对生产过程数据进行查询，对生产过程参数进行设定和控制。过程监控系统的主要作用是通过这一系列环节的正常运作，监控整个生产过程状态并实时处理故障。为了能使过程监控系统正常运作，每一部分的功能必须完善，其中会涉及到一些关键的技术。

本节将介绍过程监控系统的技术和特点。人机接口技术、OPC技术和数据库技术是过程监控系统中的关键技术。人机接口技术包括人机界面技术和组态软件技术，它能提供数据采集和事件分析处理、信息存储与管理、二次计算、人机界面监视、远程操作控制及其他应用等功能，能够帮助过程监控系统实现数据的处理、过程信息的显示和数据的查询与设定等。OPC技术使得任何一个OPC客户端都可以连接到由一个或者多个供应商提供的OPC服务器上，完成了不同类型和品牌设备之间的通信，使得过程监控系统不同层级和不同设备之间的通信没有障碍。数据库技术则对整个过程监控系统的数据进行存储，保证了过程监控系统信息的可靠性和完整性。另外，过程监控系统的关键技术的应用和特定功能的实现，使其具有一些特点。

一、人机接口技术

在过程监控系统中，人机接口技术通过输出或显示设备给人提供大量的生产数据信息和报警等提示，有助于工人直观地掌握生产情况，实现了人与计算机之间的实时对话。人机接口技术包括人机界面和组态软件技术。人机界面又称用户界面，它将组态软件构建获取的信息转换为人类易于接受的形式，是实现人与计算机之间传递、交换信息的媒介和对话接口；组态软件又称组态监控系统软件，是一种通过灵活的组态方式，为用户提供快速构建工业自动控制系统监控功能的软件工具。

1. 人机界面(HMI)技术

面向用户的人机界面由硬件和软件两部分组成。硬件部分主要包括处理器、通信接口、显示单元、输入单元、数据存储单元等。处理器的性能决定了 HMI 的性能，是 HMI 的核心单元。根据 HMI 的产品等级不同，处理器可分别选用 8 位、16 位、32 位的处理器，其中 32 位的处理器运算速度最高，但价格较贵，可以根据实际需求挑选性价比合适的处理器；通信接口可以根据不同需求实现多种方式，主要有 RS232/485 串行通信、CAN 通信、以太网通信、IIC 等；显示单元主要是指 LED 显示屏和液晶屏显示等；数据存储单元主要有移动硬盘、U 盘、存储卡、光盘以及块存储设备等；输入单元主要是指键盘、触摸屏和鼠标等。

人机界面的软件一般分为两个部分：运行于硬件上的系统软件和运行于个人计算机上的界面设计软件。人机界面的软硬件构成如图 5-2 所示。使用者可以通过使用界面设计软件来设计画面，再通过计算机和人机界面的通信口，把设计好的画面编译后下载到硬件系统中运行。运行于人机界面硬件的程序一般都分为 3 个部分：设备驱动程序、处理器系统内核软件和界面设计软件生成的程序。设备驱动程序是一种可以使计算机和设备之间相互通信的特殊程序，是硬件与设备之间的接口；处理器系统内核软件一般是指嵌入式操作系统或者类似操作系统的功能软件；界面设计软件生成程序是界面生成的程序驱动。

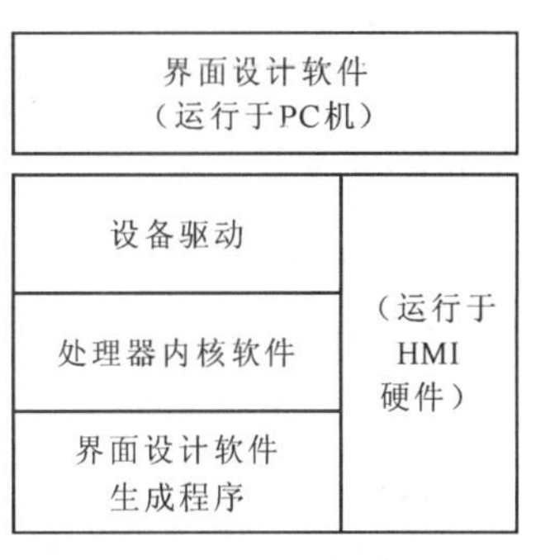

图 5-2　人机界面的软硬件构成图

2. 组态软件技术

组态软件一般通过 I/O 驱动程序以非周期性的采样形式从 I/O 接口设备上获取数据，一方面，将数据进行加工，以数值或曲线的形式显示给操作人员，达到及时监控工况的目的；另一方面，对历史数据进行存储、查询和显示，对报警信息进行记录、管理和预警，对表格进行处理、生成和输出等。这些功能是由组态软件的一些功能模块共同实现的。

面向设计者的组态软件主要由 4 个功能模块组成，分别是实时数据库系统、I/O 设备驱动、通信程序组件和图形界面系统，其构成如图 5-3 所示。实时数据库系统包括 I/O 客户端、实时数据内核、数据冗余、控制算法、报警处理和历史数据等;I/O 设备驱动包括寻址程序、量程变换和采样校对等;通信程序组件包括通信链路、通信协议、数据校错等;图形界面系统包括数据接口、图形显示、曲线显示、报警显示等。

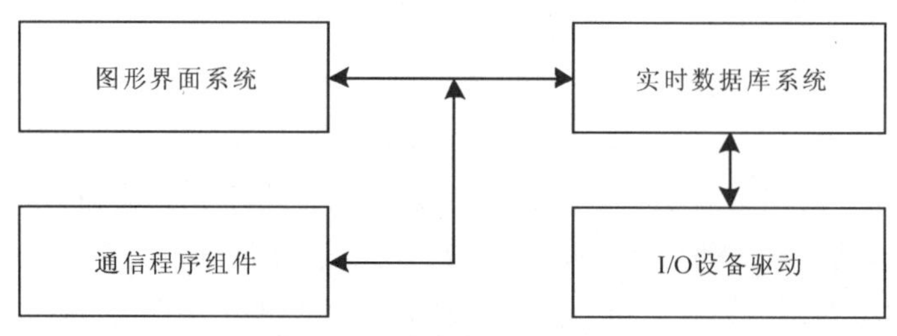

图 5-3 组态软件的系统构成

1)实时数据库系统

过程监控系统是一个实时系统,位于监控层的主站系统要不断接收来自各远程终端采集的数据,这些数据具有独立性、共享性、安全性和可恢复性等特点。对这些数据进行集中有效的管理,可以及时给操作员提供必要的信息,以使其做出正确的判断和决策。

面向工业过程对数据实时性、集成性、稳定性、事务调度和并发控制的要求,数据库技术结合实时处理技术产生了实时数据库技术,可直接实时采集、获取企业运行过程中的各种数据,并将其转化为对各种生产有效的公共信息。实时数据库系统将时间看成系统中的一个主要资源,系统中的实时任务都具有多个时间特性,如启动时间、运行时间和截止期限等。实时数据库系统要尽可能保证在截止时间之前完成任务。实时数据种类繁多,不同的系统对实时数据的采集精度要求不同。为统一采集和管理这些数据,满足整个生产过程的使用,实时数据库系统应具有集成数据采集和历史数据的存储与压缩的功能,同时应该具有分布式结构,保证能提供对外接口,远程采集分布式网络上的数据。过程监控系统采用实时数据库技术,可以根据实际情况不断调整监督管理的范围、准则和策略等,能够很好地应对系统运行情况的快速变化。

2)I/O 设备驱动

在过程监控系统中,I/O 设备驱动负责 I/O 设备与外界的通信。它将 I/O 设备寄存器中的数据读出后,传送到实时数据库,然后在界面运行系统的画面上动态显示。实时数据库可以根据用户需要灵活地与各种 I/O 设备通信,如果有新的设备需要加入,可以根据该设备的通信协议或者通过开放的接口等方式开发驱动程序,把数据采集到系统,这些驱动程序统一管理和存放,使用方便简洁,可以满足用户的不同需求。

I/O 设备一般分为字符设备、块设备和网络通信设备。字符设备提供连续的数据流,是一个线性设备,I/O 设备驱动可以顺序读取,此类设备支持按字节或字符来读写数据,通常不支持随机存取。块设备又叫外部存储器,I/O 设备驱动可以随机访问设备数据,程序可自行确定读取数据的位置。硬盘是典型的块设备,I/O 设备驱动可以寻址磁盘上的任何位置,并由此读取数据。网络通信设备的传输速度比字符设备高,但比外部设备低。

3)网络通信

在过程监控系统中，网络通信实现现场设备，实时数据库，图形界面系统之间的信息交换，可以实时显示当前设备信息，方便操纵员的管理。在实际的应用中，需要根据具体情况来选择合适的网络协议。

选择通信协议时一般应遵循3个原则。一是实现所选协议与网络结构和功能的一致性，如果网络中存在多个网段或要通过路由器相连就必须选择具备路由和跨网段操作功能的TCP/IP等协议。二是一个网络通常只选择一种通信协议，若选用多个协议，由于每个协议都要占用计算机的内存，选择的协议越多，占用计算机的内存资源就越多，既影响了计算机的运行速度，又不利于网络管理。三是保证通信双方协议的一致性，如果要让两台实现互连的计算机间进行对话，两者使用的通信协议必须相同，否则中间还需要一个“翻译”进行不同协议的转换，这样既影响了通信速度又不利于网络的安全和稳定运行。由于TCP/IP具备路由和跨网段操作功能，这是很多协议所不具备的，TCP/IP协议也成为了最常用的协议。

4)数据交换

在过程监控系统中，数据交换是指在多个数据终端设备(如PC之间)，为任意两个终端设备建立数据通信临时互连通路的过程。过程监控系统中存在大量的底层数据，这些数据通过集成完成数据库的构建，并且在系统里实现共享和交换。操作员无法通过现场设备的传感器直接读取数据，需要经过数据交换后在图形界面中显示出来。

在数据交换过程中，不同的数据内容、数据格式和数据质量千差万别，有时甚至会遇到数据格式不能转换或数据转换格式后丢失信息等问题，严重阻碍了数据在各层级和设备之间的流动与共享。因此，传统的数据交换存在交换方式多样难以管理、数据时效性较低、标准不统一、缺乏统一的数据服务平台等缺点，容易形成信息壁垒和信息孤岛。

在过程监控系统中，实时数据交换可以推动信息跨层级共享共用，打破信息壁垒和信息孤岛，实现统一高效、互联互通、安全可靠的数据资源体系，是过程监控系统中的重要环节。在过程监控系统中，实时数据交换能够真实地反映工业过程的实时运行状况，提高了数据的时效性，有效避免因信息壁垒而造成故障等意外状况。实时数据交换通过将数据中心库中的数据快速地发布出来提供给外部计算机系统共享调用，同时能够监控外部调用数据的情况，提升数据的价值。

二、OPC技术

OPC技术工业自动化软件面向对象的开发提供了统一的标准，提供给用户用于过程控制和自动化应用。OPC标准定义了应用微软操作系统在基于的客户机之间交换实时数据的方法，如过程控制数据如何在软硬件应用中传输。OPC语言工程控制软件可以顺畅无阻地从设备中获取数据。

工业控制领域具备多种形式的数据源，如PLC、DCS、数据库。数据也可以通过多种媒介传输，比如以太网，无线传输，串口通信等。过程控制应用软件所依赖的操作系统也可以是不同的。设备供应商提供自己的驱动程序来获取数据。

基于OPC技术和组态软件可以建立一个结构灵活、易于扩展和修改的软件监控系统。

软件体系结构可以分为表示层、业务层、数据层以及接口层(图 5-4)。表示层主要实现人机界面操作功能,包括数据的录入,监控画面以及相关辅助功能的实现;业务层是控制系统的核心,包括所有的业务规则以及执行业务规则所需要的业务逻辑,主要完成参数选取、系统的状态识别和实现模型的优化算法;数据层则主要实现对数据的读取以及数据预处理和数据保存等工作;接口层为连接智能控制软件和下层基础自动化监控软件的纽带,是一种开放式的实时数据访问接口,响应快,通过设置虚拟结点实现各层之间数据的存储转发。各层之间既相互独立,又相互联系,中间接口层可视具体情况添加和删除,结构灵活,具有易于扩展和修改的多层分布式体系结构。

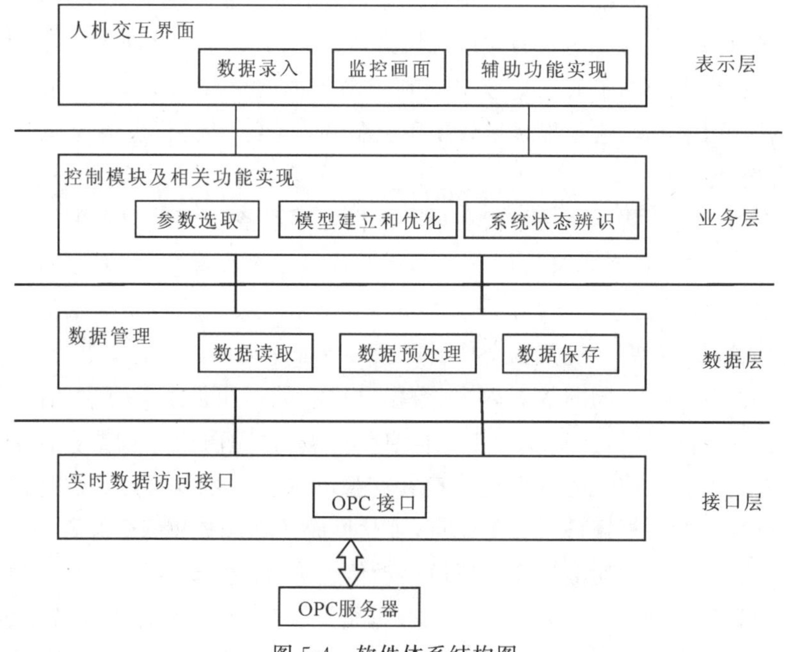

图 5-4 软件体系结构图

基于 OPC 技术的软件监控系统采用一种柔性结构,既可以将整个系统安装在一台计算机上集中式管理,又可以分配到多台计算机,进行分布式管理,接口层的服务器基于物理设备的位置结构或功能进行规划,监控软件只需要符合通信规范,就能通过标准接口访问所有的过程数据,从而实现灵活配置及降低系统集成费用,并缩短了应用软件的开发周期。监控软件与硬件相对独立,两者都可在遵循接口的基础上独立升级,使分布式监控系统中的监控程序和数据采集程序模块化,监控系统的开放性和适用性大为提高。

三、数据库技术

数据库技术是一种辅助管理数据的方法,它主要用于组织和存储数据,实现高效获取和存储数据。数据库服务器是数据库技术结合实时处理技术产生的,可直接实时采集、获取工业过程中的各种数据,并将其转化为对各类业务有效的公共信息。

数据库技术在过程监控系统中的应用主要是通过数据库服务器来实现的,数据库服务器完成工业过程数据、操作员记录等的存储和检索。所有过程数据以一定的时间间隔扫描和存储，收集的数据可在操作站上显示、打印或传输给其他文件以便归档。数据站的数据存储和检索功能，通过数据压缩和解压缩技术实现存储介质的优化管理。数据站通过通信网络接收数据、处理数据、存储和归档数据，并应答所有其他操作站对收集到的历史数据的访问。数据站的检索功能在服务器结构下操作运行，历史数据检索用户界面运行在操作站上，检索界面提供对历史站服务器收集到的数据进行调用、显示、打印或按预定格式存储报表的工具。由于不同工业的特点差异，数据库服务器也具有不同的类型。

数据库可以分为关系型数据库和非关系型数据库两类。传统的关系型数据库采用表格的方式存储数据，用结构化查询语言 SQL 查询数据，读取和查询数据都很方便。常见的有 Oracle、SQLServer、MySQL 等，除了 MySQL 之外大多数的关系型数据库都是非开源数据库，安全性相对较高。非关系型数据库是采用平面数据集的方式存储数据，存在数据被重复存储造成存储空间浪费的问题。比较主流的非关系型数据库有 Redis、HBase、MongoDB、Memcache 等，这些数据库通常都采用开源的方式存储信息，安全性相对较低。

Oracle 数据库是 Oracle 公司推出的一款关系型数据库管理系统，可靠性高、可移植性好、使用方便、功能强，适用于各类大、中、小微机环境，在数据库领域一直处于领先地位。Oracle 数据库大量使用 SQL 语言查询和读取数据。实时数据库系统对 SQL 语句采用了可以提高执行效率的优化方案，如在内存中分配共享 SQL 区域存放 SQL 语句的执行计划，当不同用户向系统提交相同的 SQL 语句时，数据库系统就能利用共享区，对所有相同的 SQL 语句采用相同的执行方案，避免了对相同语句都进行分析的操作。这种机制在一个大、中型系统中是非常有益的，在类似的环境中可能会存在上千个同时执行操作的用户，他们会对数据库进行类似操作，因此会有大量相同的 SQL 语句在数据库中执行。

四、过程监控系统的特点

过程监控系统主要是实时集中监控，并且对实时数据和历史数据进行应用分析，通过组态提供给现场人员需要的信息。一个完整有效的过程监控系统应该具有如下特点。

1. 监控实时性

系统需要对设备进行实时的监控，以便在设备出现异常情况时，向设备负责人及时报警，如设备停止工作、参数指标不正常等。

2. 设备档案可管理性

设备档案管理主要包括设备档案建立、设备运行记录、设备故障记录、设备保养记录、设备维修记录和设备总体状况的统计报表，另外，设备运行状况还要能够被动态地显示和查询。利用设备档案，企业可以对设备进行合理的调度，充分利用资源。

3. 管理系统多用户性

在日常生产管理中，往往有多个用户同时参与数据的管理，如车间主任每天要查询设备运行状况，定期查询设备运行历史数据，以便进行设备质量评估工人负责设备的配置、新设备的登记等，设备维护人员要填写维护记录，设备故障维修人员要填写故障分析、故障处理过程及结果。因此系统需要有多用户的支持能力并允许多个用户同时进行数据的上报与查询。

4. 系统安全性

首先要保证各个局域网的安全,防止未经许可的操作侵入而造成损失,另外系统要将用户分为不同的等级,每个等级都有不同的操作权限,如查看设备的工作状况,对系统参数进行设置,对数据进行修改,对数据库进行管理等。

第三节 基于 WinCC 平台的炼焦生产过程实时监控系统

流程工业也称连续性工业,在工业生产中具有广泛的应用,具有强流动性。根据流程工业的特点,若其中某一环节发生事故极可能导致全流程的停工,造成极大的损失,因此过程监控系统在流程工业中的应用能够减少这些损失,具有重大的意义。钢铁冶金工业对人类生活和发展有着十分重要的作用,主要包含有烧结、炼焦、高炉炼铁、炼钢和轧钢等工艺。炼焦生产是冶金工业过程中的关键性步骤之一,是指在隔绝空气的条件下,经过高温加热,使煤分解得到焦炭、煤气以及焦油等其他有机化学副产品的生产过程,炼焦生产过程伴随着大量的物理化学反应、能量交换、物质转换等,是典型的流程工业。本节将介绍基于 WinCC 平台的过程监控系统在炼焦生产过程中的应用,主要功能包括炼焦生产过程实时监控、异常工况自动报警、历史数据统计分析以及实时/历史数据可视化。

一、炼焦生产过程

炼焦生产工艺流程如图 5-5 所示:首先根据焦炭质量要求,将各种品质的煤按照一定的比例混合后,得到符合标准的混合煤,混合煤经皮带运送,到达焦炉一侧顶部的煤塔,作为炼焦的基本材料;装煤车从煤塔装载混合煤,在一定的时刻将混合煤运至焦炉炉顶,到达炭化室,此时炭化室已将结束上一个炼焦周期的焦炭推出,这个过程成为推焦,混合煤到达推焦完毕的炭化室的上部,经装煤孔将混合煤注入到空的炭化室;在经过约 20 个小时的干馏后,炭化室中的煤被高温干馏变成焦炭,在确定一个炭化室的焦炭已经成熟后,需要完成出焦,通过三大车即推焦车、拦焦车和熄焦车的协调将焦炭取出。推焦车打开焦炉炉门将成熟的焦炭推出,同时在焦炉焦侧准备好的拦焦车将焦炉焦侧的炉门打开,并且使推出的高温焦炭滑落到下侧轨道上的熄焦车内,最后,熄焦车将炽热的焦炭运至熄焦塔进行熄焦,得到干熄焦和湿熄焦。另外在炼焦生产过程中产生的含尘煤气由于热值较高,可以通过各自集气管收集并汇入煤气总管后,经冷却等几道工序后,回收利用。

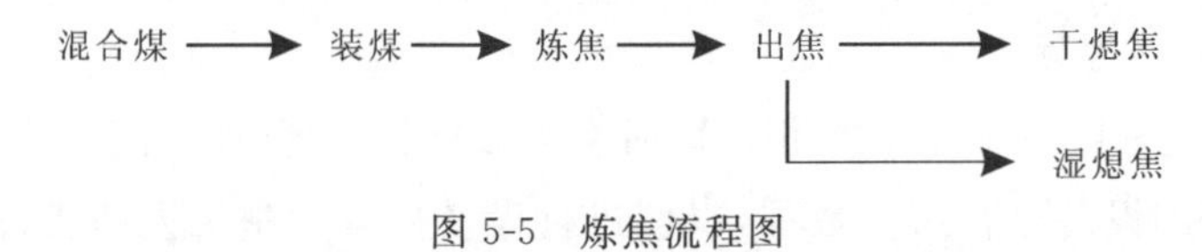

图 5-5 炼焦流程图

根据炼焦生产的工艺流程，可将炼焦过程分为焦炉加热燃烧过程、焦炉煤气收集过程、焦炉作业调度过程3个局部过程，炼焦生产的工艺流程如图5-6所示。焦炉加热燃烧控制是通过调节加热煤气的流量等，使其在焦炉燃烧室的火道内混合燃烧产生热量，并维持合适且稳定的温度；焦炉集气管压力控制主要通过调节鼓风机转速、煤气阀门开度来解除各个焦炉集气管压力之间的耦合，保持集气管压力的稳定，避免压力波动过大造成煤气外泄、空气回流、煤气燃烧不充分等现象，从而提高煤气的燃烧效率，减少能源浪费，避免环境污染；焦炉作业优化调度主要是根据生产任务和工艺要求，制订焦炉作业计划方案，指导炼焦生产中的机械装备，主要是装煤车、推焦车、拦焦车、熄焦车的协调作业，根据预先制订的作业计划，指导焦炉炭化室按照一定的推焦计划定期装煤和出焦。

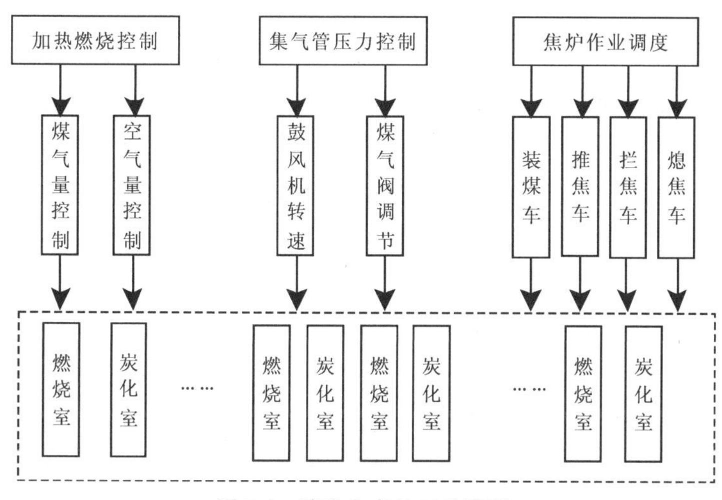

图5-6　炼焦生产的工艺流程

当某个过程出现异常时，如焦炉火道温度波动、集气管压力扰动、炭化室操作和加热制度变化等，会导致其他过程的生产状况波动并导致一系列连锁反应。由于生产状态信息众多且缺乏有效的集成，难以及时准确地评估当前的生产状态，设计炼焦生产过程实时集中监视系统，实现对焦炉加热燃烧过程、焦炉煤气收集过程与焦炉作业过程的生产状态监视，当发生工况异常时及时发出报警信号通知操作员进行处理，对保证焦炉的稳定生产、提高焦炭质量与产量、降低炼焦的成本和降低工人的劳动强度都具有非常重要的意义。

二、炼焦生产过程系统需求分析

针对焦炉的加热燃烧，目前企业焦炉的加热燃烧优化控制系统采用主、副两个回路，以温度反馈、煤气流量和烟道吸力的反馈控制为基础，实现火道温度的智能优化控制。主回路为温度优化控制回路，通过实时地修正焦炉的煤气流量，保证火道温度稳定在目标温度附近。副回路为阀门控制回路，通过实时地调节阀门开度，保证现场的煤气流量与烟道吸力稳定且跟随设定值，是主回路温度优化控制的基础。目标火道温度的设定主要靠技术人员的实际经验和个人预测能力来决定，在考虑加热煤气种类、加热制度等参数的情况下，通过改变焦炉供热量来稳定火道温度。

针对焦炉煤气集气过程，目前企业的焦炉集气管压力控制系统采用集散控制系统实现生产数据的采集与控制功能，使集气管压力基本稳定在设定值范围内，但其设定值是由技术人员凭借操作经验给定，压力值的准确给定对技术人员的操作经验有一定的要求。

针对焦炉作业过程，炭化室中的焦炭推焦会按照一定的计划进行，推焦计划的制订与炭化室两次推焦的间隔时间、连续两炉推焦的间隔时间和煤在炭化室中停留的时间即结焦时间有关。如果没有按照规定的时间推焦，可能会导致焦炭不成熟或过火，这些容易导致推焦困难，因此推焦操作需要按照一定的时间顺序来进行，这个顺序就称为推焦串序。目前国内应用比较广泛的一类推焦串序是“5-2”串序，其优点是操作较为紧凑，节省时间和电力，机械行程短。虽然“5-2”推焦在一定程度上做到了资源的合理利用，提高了生产效率。但结焦时间一般由现场技术人员来选取，由于对最佳结焦时间的选择缺乏一定的理论指导，没有考虑到火道温度对结焦时间的影响，难免导致过早或过迟的推焦，从而影响到焦炭的质量。

针对炼焦生产过程的实时集中监视，目前企业仅仅实现了各个局部过程生产状态的分布式显示。由于分布在各生产车间，例如焦炉加热燃烧过程的实时监视系统在焦炉本体调度室、焦炉煤气集气过程的实时监视系统在鼓风机房，焦化厂总调度室不能实时了解整个炼焦生产过程的状况，也不能统计分析历史上某段时间的焦炉运行状态，给上层技术人员的决策与操作带来了一定的困难。而且当出现异常工况时，不具备实时报警功能，不便于技术人员对炼焦生产过程进行干预与操作指导，这无疑给炼焦生产带来了一定的安全隐患。

为了向技术人员及时、全面地反映炼焦生产全貌，需要实时显示炼焦生产的工艺流程。当出现工况异常时发出报警信号，以便焦炉技术人员进行干预使炼焦生产恢复正常，并显示历史上某段时间内焦炉重要生产参数的趋势并打印报表，从而为企业管理提供便利，为炼焦生产提供指导，实现焦炉的安全、稳定生产，为了使得企业获得更大的经济利益，需要实现炼焦生产过程的综合生产目标优化，即在保证焦炭质量的情况下，实现焦炭产量的增加、炼焦能耗的降低。

根据以上分析，为了解决这些问题，系统的设计必须满足以下要求：

(1)实时采集并存储炼焦生产信息。获取的现场信息主要包括工艺信息和资源信息两个部分。其中工艺信息主要为炼焦生产的工艺参数，包括煤气流量、煤气压力、烟道吸力、鼓风机转速、各阀门开度、推焦时间、装煤时间等；资源信息主要为焦炉炉体状态和炼焦所需物质、设备的状态，包括火道温度、集气管压力、混合煤质量等。除此之外，还必须获取每天和每班组焦炭的质量、产量、炼焦能耗等这些现场信息。

(2)在线显示炼焦生产状态。以生产流程动态化显示的方式，根据所采集的现场工艺信息、资源信息，实时集中显示炼焦生产的焦炉加热燃烧过程、焦炉煤气收集过程和焦炉作业过程的生产状态，为焦炉技术人员更直观、更清晰地反映整个炼焦生产流程。

(3)针对异常工况提示报警。当焦炉工况出现异常时，如不及时调整，有可能造成焦炭质量的不合格，影响企业的经济效益。如果工况异常严重，还有可能造成煤气泄露、焦炉停产等安全事故。针对异常工况的实时报警提示有助于焦炉技术人员迅速地做出调整并加以改善。针对异常工况的历史报警查询与分析有助于避免下一次异常状况的发生。

(4)统计分析炼焦生产的重要参数。对于炼焦生产某些历史数据的统计分析能够反映出历史上某工段焦炉的运行状况，例如火道温度、集气管压力、结焦时间的历史趋势显示有助于推断出是否增加装煤量、是否加大或减小煤气流量等信息。推焦时间的长短和结焦时间的异常统计分析有助于判断焦炉炭化室是否存在病号炉以及焦炉作业四大车的状态。推焦系数的计算可以反映出某天、某班组的生产任务完成情况。通过分析这些关键参数，并以曲线或报表的形式将结果反馈给技术人员。

(5)在线显示局部优化目标。这个部分主要是周期检测并实时显示综合生产目标优化系统所计算的局部优化目标设定值与综合生产目标预测值。企业管理人员通过分析优化设定值，从中选择符合他们要求的作为目标火道温度、集气管压力、结焦时间并下发指令。

在炼焦生产过程中，为了保证在规定的结焦时间内焦饼中心达到要求的温度，火道温度的设定值应该控制在适当的数值，该设定值称为目标火道温度。目标火道温度的合理设定是保证焦炭质量与减少炼焦能耗的一个重要环节。集气管是收集含尘煤气的装置，在含尘煤气收集过程中，集气管压力设定值过低，空气进入炭化室会导致焦炭燃烧，使得焦炭质量下降；压力设定值过高，会导致焦炉跑烟、冒火，既污染环境又浪费大量能源，并且会影响焦炉炉体寿命。焦炉作业计划的制订需要依据一个非常重要的工艺参数，即结焦时间。目标结焦时间的长短直接影响到焦炭质量产量与能耗，因此保证结焦时间的合理性至关重要。

三、炼焦生产过程实时监控系统实现

实时集中监视系统应用软件的主要功能是炼焦生产过程实时监控、异常工况自动报警、历史数据统计分析以及实时/历史数据可视化，同时提供对综合生产优化系统的局部优化目标设定值与综合生产目标预测值的显示。整个监控软件由数据采集、生产过程监视、数据管理、系统安全管理和综合生产目标显示五大功能模块组成(图 5-7)。炼焦生产过程主要通过OPC 服务器和 Oracle 数据库，完成与基础自动化层和监视层的通信。炼焦生产过程数据流如图 5-8 所示。

数据采集通信模块主要负责 WinCC 运行系统的数据读取，WinCC 内置了高效的数据库系统，使用其作为组态数据和归档数据的存储数据库。生产监视模块负责实时监控焦炉作业的生产状态。根据不同功能的需求，又将生产过程监视模块细分为 3 个子程序模块：焦炉加热燃烧过程监控、焦炉煤气收集过程监控、焦炉作业过程监控。生产过程监视模块从OPC 服务器中读取实时数据，完成炼焦生产过程的实时画面显示。数据管理模块包括 4 个子程序模块：报警管理、工艺参数实时趋势显示、工艺参数历史趋势显示、生产数据报表统计。数据管理模块从 Oracle 数据库中读取历史数据，而报警管理子模块针对实时数据异常发出报警信号。系统安全模块由用户管理、权限设置和安全退出 3 个子程序模块组成。综合生产目标显示模块实现综合生产目标优化系统所获取的目标火道温度、集气管压力、结焦时间的显示，同时提供所预测的焦炭质量指标、焦炭产量、高炉煤气消耗量与焦炉煤气消耗量的显示，从而根据企业管理者意图来决定是否接受局部优化目标的设定值作为各局部优化系统的控制与决策目标。

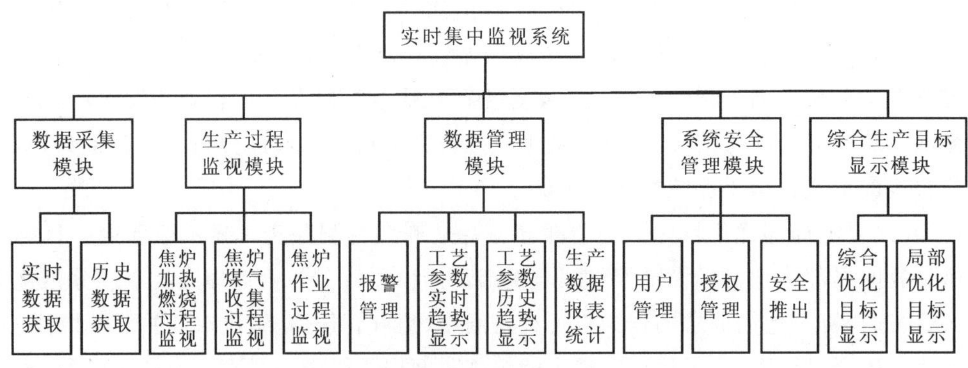

图 5-7 炼焦生产监视系统功能结构图

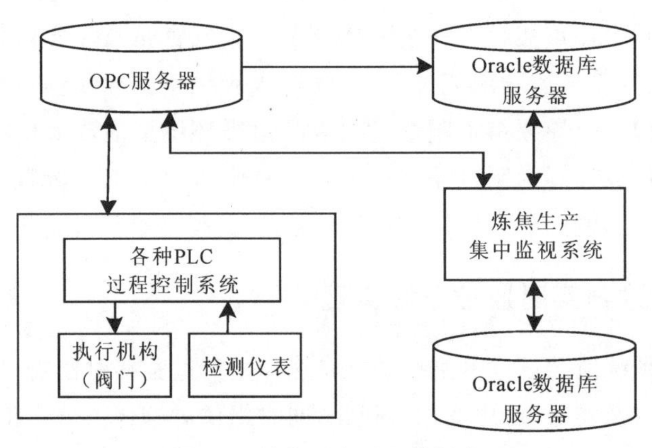

图 5-8 炼焦生产过程数据流

1. 生产过程监视模块

为了使炼焦生产过程更直观、更清晰地呈现在监视界面上，需要对炼焦生产工艺状态进行动态化设计。生产过程监控画面设计原则既要符合生产流程的外观，又要便于技术人员的操作指导，并且具有良好的视觉效果。经过现场调研，生产过程监视画面的设计必须满足两方面的要求：一方面必须满足层次清晰、布局合理，达到易于观察整个炼焦生产过程的目的。另一方面为现场技术人员提供他们所关心的炼焦生产数据并动态化显示。图 5-9 为设计出的焦炉加热燃烧过程的实时监视主画面。

2. 报警管理模块

报警是操作员不希望出现的一种状态。然而，只有通过报警，操作员才能意识到炼焦生产过程中出现的工况异常，并通过操作进行干预使之恢复正常。报警管理模块给操作员提供了关于操作状态和过程故障状态的相关信息，可以通知操作员在生产过程中发生的工况异常，例如生产数据超出设定值的限制范围、某项炼焦指标出现异常。

为了集中显示报警记录并提供报警记录的历史查阅功能。对报警消息进行归档，当报警消息发出时，自动将每一条报警记录存储到 WinCC 内置的 SQL 数据库，并通过 WinCC 的 ActiveX 报警记录显示控件(Alarm Control)，集中显示报警类别、报警发生时间、报警持

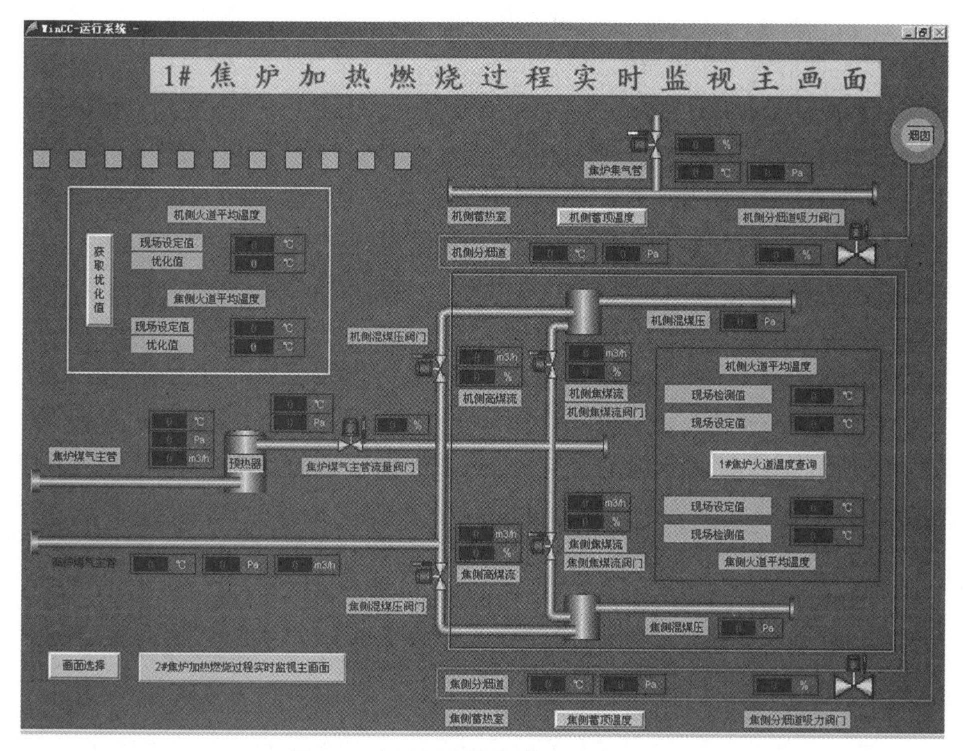

图 5-9　焦炉加热燃烧过程监视主画面

续时间，从而便于技术人员查询历史上某时间段炼焦生产的异常状况。

3. 综合生产目标显示模块

综合生产目标优化系统的功能包括：在焦炭质量满足企业要求的前提下，计算焦炭产量最大、炼焦能耗最小的局部优化目标设定值，即合理的火道温度、集气管压力与结焦时间，将炼焦生产过程的综合生产目标优化问题转化为焦炉加热燃烧过程、焦炉煤气收集过程的优化控制与焦炉作业过程的优化调度问题。但是由于炼焦生产的复杂性，目标火道温度、集气管压力与结焦时间的设定是不能经常变化的，否则将会引起焦炉工况的波动。因此综合生产目标显示模块实现当前的局部优化目标设定值与综合生产目标预测值的显示，从而为企业管理人员的决策提供一种有效手段。

综合生产目标优化系统并没有按照固定的周期时间完成对局部优化目标的计算，目前是依据企业管理人员的设定时间来实现该功能。由于时间上的不确定性，为了保证当有新的优化设定值产生的同时即完成此类数据的显示，采用了周期读取布尔型数据的方法作为检测。首先当有新的优化设定值写入 Oracle 数据库时，产生一个值为 TRUE 的数据。在 WinCC 中定义一个全局动作及该动作的触发周期，依据触发周期执行全局动作。

4. 工艺参数实时趋势显示模块

对炼焦生产数据的趋势显示包括实时趋势显示与历史趋势显示两部分。实时趋势显示以系统当前时间为基准，根据用户定义的时间间隔，实时显示过去的某时间段生产参数的曲线变化，且随着时间变动，该曲线是实时更新的。历史趋势显示根据用户定义的历史时间段，调用 Oracle 数据库中历史数据，绘制历史上某工段的参数变化情况。

完成工艺参数的实时趋势显示首先要对该参数进行归档组态，即按照该参数的采集时间有规律地保存到 WinCC 内置的 SQL 数据库中。在归档过程中，不同的参数分别采用不同的表来存储和管理，这样可以方便地对各个生产参数进行调用与存储。系统分别实现了焦炉煤气流量与压力、高炉煤气流量与压力、机侧分烟道吸力、焦侧分烟道吸力、集气气管压力的归档。归档周期也就是数据的存储周期，归档周期的选取依据各个参数的波动情况、工艺要求等决定。通过依次组态归档名称、归档路径、归档周期，然后选定需要归档的变量，将 WinCC 运行系统所采集的数据存储到数据库中。

归档组态后，组态 WinCC 在线趋势控件绑定已归档的变量，并设置显示点、时间范围等参数，为技术人员显示生产参数的实时变化趋势。同时编程实现了游标功能，给技术人员在趋势图上提供了可移动的光标，从而方便技术人员从趋势图上更详细地查询某一时刻的生产参数数值。

5. 报表统计模块

炼焦生产过程实时集中监视系统需要具有报表、查询和统计处理信息的能力。对于焦炉加热燃烧过程，需要查询焦炉机侧火道温度、焦侧火道温度，统计每班组的最高火道温度、平均火道温度，计算每天的火道温度平均值；对于焦炉煤气集气过程，需要统计每班、每天的集气管压力最大和最小以及平均值；对于焦炉作业过程，需要查询历史上某班组焦炉作业情况，累计某天的推焦炉数，生成焦炉生产下周期的调度班报，计算某班组的焦炉操作计划系数、执行系数、总推焦系数。对于综合生产目标实际值的显示，需要生成某天的煤气消耗报表、焦炭质量报表、焦炭产量报表。同时，还需要具有报表显示与打印功能。

报表统计模块主要完成数据的统计与分析、报表的生成与打印。报表统计模块方便快捷，减轻了操作人员的日常工作量。报表编辑器是 WinCC 基本软件包的一部分，提供了报表的创建和输出功能，可帮助用户快速组态所监视过程的报表。创建是指创建报表布局；输出是指打印输出报表。WinCC 系统允许输出两种类型的报表，包括项目文档报表、输出 WinCC 项目的组态数据，还包括运行系统数据报表和在运行期间输出过程数据。报表的外观利用报表编辑器的页面布局编辑器设计，图 5-10 为生成的炼焦生产过程煤气消耗量报表界面外观。

WinCC 的报表组态提供了一个离线的报表平台，可以进行报表格式的定制与表中数据项的数据源定义。当工程运行，打开定制好的报表时，程序一方面按用户定义好的方式显示报表；另一方面根据数据源定义自动从数据库中读取数据，填入表格的相应位置。历史数据的统计与计算在 C 脚本编辑器中编辑代码实现。大致流程为：通过开放数据库互联的方式，采用 SQL 语句读出 WinCC 数据库中的数据，然后采用 ADO (ActiveX Data Objects)接口，读出 Oracle 数据库中历史数据，以多维数组形式保存需要统计的数据，按照统计要求计算出统计数值。若要在监视界面上动态显示统计值，则建立 WinCC 的内部变量实时保存计算出来的数值。若需要在报表中显示生产数据的统计信息，则在报表编辑器的组态过程中添加该变量的选择。

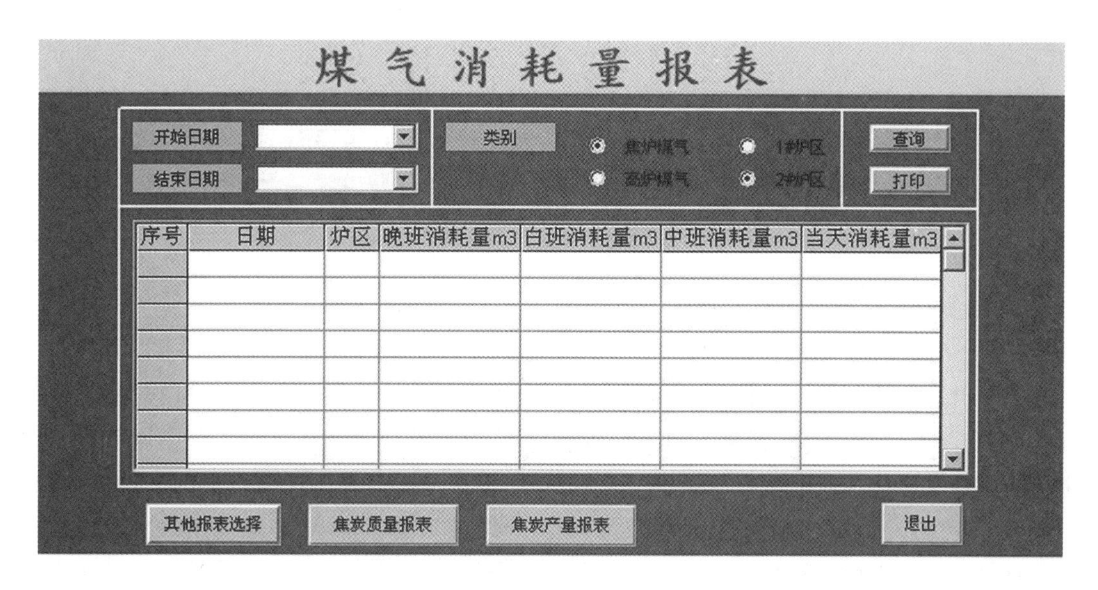

图 5-10　炼焦生产过程煤气消耗量报表画面

习　题

(1)过程监控系统和过程控制系统有什么区别和联系？

(2)工业过程监控系统分为哪几层？每一层包含哪些主要设备？

(3)过程监控系统的技术有哪些？分别有什么特点？

(4)人机界面技术在未来交互场景会有怎样的发展趋势？(如 VR、AR 等技术)

(5)WinCC 组态软件的优点是什么？

(6)OPC 技术是什么？有哪些特点？

(7)结构化查询语言 SQL 的程序功能和常见语句有哪些？

(8)炼焦生产中的工艺流程有哪些？

(9)炼焦生产过程中的过程监视系统有哪些需求？

(10)推焦过程中使用的“5-2”推焦串序具体是如何进行的？

第六章　企业信息化系统

企业信息化系统是自动化技术、信息技术、企业管理技术的综合应用，集过程控制、过程优化、生产调度、企业管理、经营决策等功能于一体，对提升企业经济效益和企业竞争力至关重要。本章首先梳理企业信息化系统的发展历程，重点分析其在层次结构上的演进；然后针对流程工业中广泛采用的企业信息化系统架构，介绍其功能和特点，并展现钢铁冶金过程铁前信息化系统的设计思路与框架结构；最后，以阿里云工业大脑为例，分析面向智能制造的智能企业信息化系统。

第一节　企业信息化系统及其发展历程

企业信息化系统的发展与信息化历程直接相关。从20世纪中叶到90年代，信息化表现为以计算、通信和控制应用为主要特征的数字化。之后，互联网大规模普及应用，信息化进入了以万物互联为主要特征的网络化阶段。目前，大数据、云计算、移动互联网等技术迅猛发展，人工智能正实现战略性突破，信息化进入了以新一代人工智能技术为主要特征的智能化阶段。本节具体分析企业信息化系统产生的背景，梳理发展历程，并展望未来的发展方向。

一、企业信息化系统的产生

企业信息化是由日益激烈的市场竞争和不断发展的科学技术共同催生的。20世纪90年代，随着经济全球化趋势的日益强化和信息技术的迅速发展，市场环境发生了根本性变化。一方面，市场转变为顾客驱动，市场竞争愈演愈烈，而且表现为涉及时间、质量、价值、服务和环境的全方位竞争；另一方面，以渗透性、前瞻性、先导性和共享性为特征的信息技术被广泛利用，大大提高了企业竞争的科技含量。面临全球性的、持续多变的、不可完全预测的、科技含量高的激烈竞争，企业界的一个重要对策就是将制造技术与信息技术、自动化技术、现代管理技术和系统科学技术有机融合，在实现企业数字化的基础上，增强企业信息化水平，提高企业的综合竞争能力，满足客户对产品的个性化需求和社会可持续发展的要求。

流程工业是国民经济发展中的一个多品种、多层次、服务面广、配套性强的重要基础产业，与其他部门和直接消费市场关系密切。流程工业企业的信息化需要具体结合工业发展特点、现状和存在的问题。20世纪90年代，流程工业的工艺设备、技术和自动化水平都有了很大提升,控制系统从仪表控制系统、集中式计算机控制系统发展至集散控制系统、现场总线控制系统,工业过程的数字化取得了突破;控制水平也从单变量单回路控制发展到多变量复杂回路控制,先进控制、智能控制等技术在许多场景成功应用。流程工业的大规模化、安全性、开放性和适用性需求对过程控制系统提出了新的要求,日益激烈的市场竞争促使控制系统向管控一体化的信息系统发展。

工业过程控制大多停留在单元自动化水平,大量生产状态信息缺乏有效的集成手段,分散于局部生产过程,控制与决策的效果往往表现为局部最优,难以使企业获得更大的经济效益。同时,数量众多、形式多样的生产状态信息分散于各局部生产过程,易受到现场噪声污染,且一些过程参数难以直接检测得到,带来了信息可靠性、相容性、一致性等诸多问题。企业难以及时准确地评估当前的生产状态,并根据市场、原材料、劳动成本等因素进行快速和准确的管理与决策,市场响应速度慢。因此,综合利用先进的信息技术、过程集成和自动化技术,系统地研究流程工业企业经营管理与决策、计划调度、信息集成、生产优化与控制方法,构建企业信息化系统,是提高企业效率与效能,拓展企业与产业边界,提升企业核心竞争力的重要途径,也是企业可持续发展的动力和源泉。

企业信息化的严格定义可以从信息化的定义出发。信息化在我国《2006—2020年国家信息化发展战略》中有明确定义,即信息化是充分利用信息技术,开发利用信息资源,促进信息交流和知识共享,提高经济增长质量,推动经济社会发展转型的历史进程。企业信息化是国民经济信息化的基础,是指在建设信息基础设施的基础上,充分使用现代信息科学技术,实现各种信息的有效传递和充分利用,提升劳动生产率和管理水平,提高企业的经济效益和竞争力。

二、企业信息化系统的发展历程

企业信息化系统的发展历程与追求更高企业竞争力的目标息息相关,在不同的时期,企业竞争力的热点存在差异。20世纪70年代前,企业间的竞争主要是生产成本,以更低成本生产出合适的产品展现着高的企业竞争力。70年代,产品质量成为企业竞争力的主要体现,这一阶段围绕提高产品质量,出现了如全面质量控制、全面质量管理等方法和技术。80年代,产品的交货期成为竞争的主要内容,出现了许多有利于缩短交货期的技术。90年代,产品的技术含量大大提高,服务对于企业赢得市场竞争显得至关重要;与此同时,可持续发展成为全球的一个热点,环境保护、绿色生产也成为企业竞争中的重要因素。21世纪,随着知识经济的到来,掌握高端科学技术的新产品成为企业竞争力的重要表现,创新成为企业发展的关键。

企业信息化系统与企业信息管理系统密切相关。从企业信息管理系统的发展历程看,20世纪60年代,大规模的工业生产迫切需要生产企业的管理高效化,自动化技术开始应用于企业管理;计算机财务系统问世,人工的管理方式逐渐被计算机管理系统替代。70年代,财务系统扩充了物料计划功能,发展成为物料需求计划系统。80年代,物料需求计划系统继续向外延展,增加车间管理、采购管理、销售管理等功能,发展成为制造资源计划系统。90年代,针对经济全球化的趋势以及逐步形成的全球供应链环境,仅打通制造后端的需求计划小闭环已无法应对复杂的外部环境，企业需构建面向客户服务的整体价值链，企业资源管理ERP的理念应运而生。

从企业信息化系统的架构发展历程来看。1974年，美国Joseph Harrington博士针对企业面临的激烈市场竞争形势以及计算机技术的发展，提出了旨在指导企业生产的计算机集成制造系统CIMS。CIMS强调企业的多个生产环节是不可分割的，整个制造过程实质上是信息采集、传递和加工处理过程，起初广泛地应用于离散制造业，取得了巨大的经济效益。随后应用于流程工业，逐渐形成了过程控制与信息管理系统紧密结合的计算机集成过程系统(Computer Integrated Process System, CIPS)。80年代末，普渡大学提出了一种面向CIPS的参考体系结构，由过程控制、过程优化、生产调度、企业管理和经营决策5个层次构成，称为Purdue五层结构模型[图6-1(a)]。这种体系框架对流程工业综合自动化系统的发展起到了很大的推动作用，但在实际应用时存在两个问题。一方面，在流程企业的生产经营活动中，除了底层的过程控制和顶层的管理决策外，中间层次很难将生产行为与管理行为截然分开；另一方面，这种体系结构复杂、层次多，难以适用于扁平化管理模式。

1990年，美国先进制造研究小组提出了更适合扁平化现代企业的三层架构，由过程控制系统PCS层、生产执行系统MES层和企业资源计划层ERP构成，简称ERP/MES/PCS三层结构模型[图6-1(b)]。PCS层聚焦于生产过程的设备，通过PLC、集散控制系统或现场总线控制系统实现生产过程的控制。MES层也被称作调度执行层，着眼于整个生产过程的管理，通过生产调度、生产统计、物料平衡、成本控制和能源管理等应用系统来组织生产。ERP层属于计划运营层，主要根据企业的人、财、物的总体状况和产、供、销各环节的信息，实现订货、交货期、成本以及客户等关系的协调。这种集常规控制、先进控制、过程优化、生产调度、企业管理、经营决策等功能于一体的结构将企业管理与生产过程有机地结合起来，从而保证了信息的完整性、集成性和统一性，以实现企业效益的最大化。

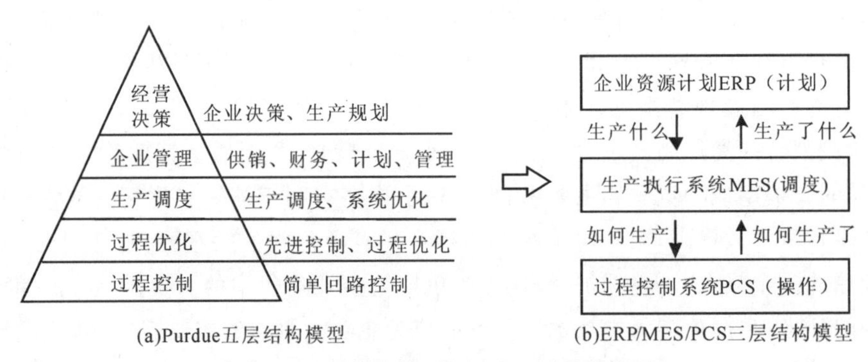

图6-1 五层结构模型发展为三层结构模型

进入21世纪后，ERP/MES/PCS三层结构模型成为流程工业企业的主流框架，基于此框架的建模、控制、优化、决策技术成为研究的热点。每层研究对象之间存在较大差异，PCS层关注生产设备，MES层着眼于生产过程，ERP层则考虑制造企业的整个产供销过程。PCS层构建的是设备的机理特性模型，为设备的操作和控制提供指导；MES层构建生产流程投入产出的关系模型，为生产流程的优化奠定基础；ERP层则构建企业效益模型，支撑企业的生产计划决策。此外，如何准确地评估控制、优化以及决策的效果，实现模型和策略的动态调整，在满足生产安全要求及产品质量约束等条件下，使得生产全流程处于“最优状态”，是融合贯通三层模型面临的主要挑战。

三、企业信息化系统的发展方向

新时代背景下，流程工业企业正朝着智能化的方向发展，主要目标为在已有的物理制造系统基础上，充分融合大数据和人的知识，通过云计算、网络通信和人机交互的知识型工作自动化以及虚拟制造等现代信息技术与人工智能，从生产、管理以及营销全流程优化出发，推进以高端化、智能化、绿色化和安全化为目标的流程工业智能优化制造，不仅要实现制造过程的装备智能化，制造流程、操作方式、供应链管理、安全环保同样实现自适应智能优化。在此背景下，流程工业企业信息化系统被广泛应用。

针对当前广泛采用的ERP/MES/PCS三层结构模型，三层之间仍存在间隙。ERP层和MES层实现了企业信息的集成与管理，但是企业目标、资源计划、调度计划、运行指标、生产指令与控制指令的决策主要由知识工作者凭知识和经验完成，难以实现企业目标、生产计划与调度的一体化优化决策。PCS层实现了工业过程各回路的闭环控制、各工业装备的逻辑控制以及控制过程的监控；但是，过程控制系统的设定值、生产指令和运行工况识别仍然依靠知识工作者凭知识和经验来完成，难以实现各过程控制系统的协调优化，无法实现生产全流程的优化控制。

因此，流程制造业生产智能化亟需改变对人工方式的依赖，实现生产过程智能化，其实质是以人工智能技术驱动实现生产过程优化，关键是如何围绕多目标、多环节的生产全流程决策要素，建立一种集智能感知、知识发现和分析、智能关联、判断和自主决策于一体的人工智能驱动的生产过程智能优化决策系统。具体与ERP层、MES层和PCS层的结合方向如下。

(1)提高ERP层和MES层的智能优化决策水平。充分利用智能感知和智能决策技术，对市场信息、生产条件和制造流程运行工况实时感知；实现企业目标、生产计划与调度的一体化的人机合作优化决策；对决策和执行过程实现远程、移动和可视化监控。

(2)发展PCS层自主控制能力。在PCS层基本功能的基础上，实现生产条件和运行工况变化的感知，在控制系统设定值改变、频繁干扰和工况变化的情况下控制系统仍然具有好的动态性能。能对过程工况进行远程、移动、可视化监控与自优化控制，与组成生产全流程的其他工业过程控制系统相互协同，实现生产指标优化控制。

在国家工业和信息化部“工业云创新行动计划”的背景下提出的工业云，是充分利用云计算、物联网、大数据等新一代信息技术，结合“资源及能力整合”业务手段，汇集各类加快新型工业化进程的成熟资源，面向工业企业，通过网络将弹性的、可共享的资源和业务能力，以按需自服务方式供应和管理新型服务模式。当前以及未来，企业会逐步将所有的业务系统都部署和运行在工业云上，涉及产品研发设计、实验和仿真、工艺设计、加工制造、运营管理等环节。

随着云计算技术的快速发展，云服务在成本、能源效率、资源共享，以及增加灵活性、可靠性和可扩展性等方面都体现出了巨大优势，它极大地推动了企业信息化和工业化的深度融合，这不仅可以促进传统制造业的改造升级，还可以打通企业内部资源的共享通道以及企业内部资源与外部资源的共享通道，高效地整合企业之间的各种资源，给工业界带来深刻的变革。

第二节　企业信息化系统特征与解决方案

本节首先对流程工业的特点和需求进行分析，然后详述企业信息化系统的系统特征，以及企业信息化系统在开发过程中的解决方案框架，最后以流程工业中钢铁冶金铁前信息化系统为例，阐述企业信息化系统的实际应用。

一、流程工业简介

流程工业是指主要生产过程为连续生产（或较长一段时间连续生产）的工业，涉及冶金、石化、电力、轻工等领域，在国民经济中占主导地位。全球 500 强企业中，流程工业企业有 70 余家，占 15％，其营业收入占总收入的 16.5％，我国流程工业年产值占全国企业年总产值的 66％，其发展状况直接影响国家的经济基础，是国家的重要基础支柱产业。

流程工业生产连续化、设备多、生产过程中各种变量间耦合严重、生产量大，且生产过程及生产环境十分复杂，这使得流程工业具有以下特点：

（1）流程工业的生产是连续的，因而强调生产过程的整体性，要求把不同装置和生产过程连接在一起成为一个整体。具有资源约束，一个流程工业中的各种资源（如缓冲站和机器等）都存在着容量和应用范围的限制，使得流程工业的设计和运行必须考虑这些因素所造成的约束条件。环境具有不确定性，包括各种外部干扰（如生产任务的改变）、内部干扰（如机器故障）和人的因素等造成的不确定性，某些环境因素的不确定性很难通过概率统计的方法来描述。各个设备的优化不等于整个系统处于最优，因而在求取全局最优的过程中有时会得到相互冲突的结论。

（2）流程工业生产过程包括信息流、物质流、能量流，而且伴随着复杂的物理化学反应，以及突变性和不确定性等因素，同时由于流程工业生产过程中的很多环节多参量、多状态的复合影响，常常产生参量的不可重复性和不确定性，系统状态持续不断发生变化，且生产过程中物流连续，生产装置间或者有管道约束，或者只有简单而有限的中间存储装置。因此，必须有先进的在线优化、控制技术来保证生产过程和产品质量稳定。

（3）流程工业常常处于十分恶劣的生产环境，且自身集成环境复杂，各种资源（包括硬件和软件）的高度集成是流程工业高效率的基础。然而，集成使得系统各部分之间的关联非常紧密，从而造成各种生产活动之间复杂的相互关系，如异步、并发、冲突、资源共享等，对于流程工业系统各部分之间的协调是非常关键的。因此，生产安全可靠是流程工业的首要任务，对一些关键设备和关键生产过程必须有实时监控。

流程工业的信息化系统一直受到国内外工作者的极大重视，实时有效地利用企业信息化系统，是研究流程工业的规划设计、生产调度和运行管理的有力工具，是解决制造复杂性和最佳方案的最佳途径。正是由于流程工业生产的复杂性，流程工业生产的研究需要大量的投资和时间的消耗，并且技术复杂程度较高，设计的难度和相应的风险性也较大。因此，流程工业的企业信息化系统建设多采用目前已经相对成熟的三层架构模型，可以使流程工业企业信息化系统快速开发。建造流程工业的生产系统后，系统的组成确定可以通过规划系统的具体生产操作，即进行生产调度方案的寻优研究，使系统实现最佳的生产调度，从而充分发挥系统的潜力。

二、三层架构模型

ERP/MES/PCS 三层架构是流程工业企业信息化系统采取的主要框架，具体结构如图 6-2 所示。概括来说，三层架构在集成系统核心 MES 的协调调度下，PCS 采集现场信息，ERP 进行生产调度从而实现企业运作。

MES 以生产综合指标为目标的生产过程优化控制、生产运行优化操作的技术，强调计划的执行；它通过对企业上层经营计划管理与下层生产过程控制管理的有效集成，将企业的生产和经营集成为一个高效运转、高效自动化的整体。ERP 系统以财务分析/决策为核心的整体资源优化的技术，强调企业的计划性；它可以从 MES 中获取到生产成本，制造周期以及预计产出时间等实际生产数据，还可以从 MES 中取得生产订单的实际状态、企业当前的实际生产能力情况以及企业中生产内容变化的相互约束关系。PCS 以设备综合管理控制为核心的技术，强调设备的控制；它可以利用 MES 对生产的工艺参数进行优化，其下属的基础自动化则可以从 MES 中获取控制数据或操作指令。同时，MES 也需要从 ERP 或 PCS 中获取到自身需要的数据，这些数据可以保证 MES 在生产中的正常运行，实现炼化企业上层管理和下层生产之间信息的有效集成。

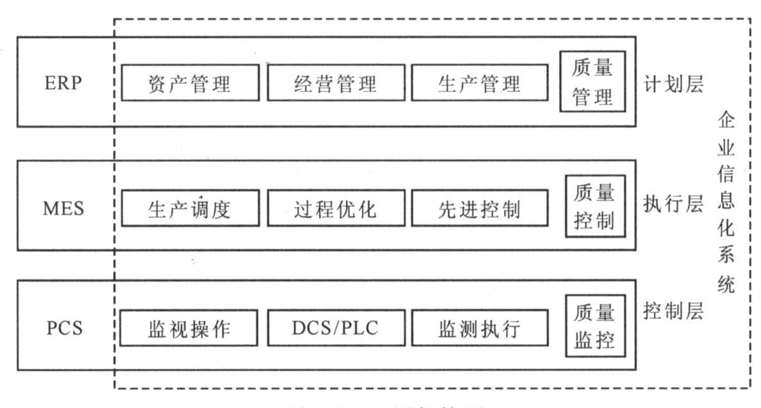

图 6-2　三层架构图

1. 企业资源计划(ERP)

企业资源计划系统为企业提供了一个统一的业务管理信息平台，将企业内部以及企业外部供需链上所有的资源与信息进行统一的管理，这种集成能够消除企业内部因部门分割造成的各种信息隔阂与信息孤岛。对于流程工业来说，面对客户对交货期的苛刻要求以及更多产品的改型和订单的不断调整，ERP 系统需要实时的生产信息辅助进行经营决策和订单管理，制订由 MES 执行的计划。

ERP 共分为 5 个计划层次，即经营规划、销售与运作规划(生产规划)、主生产计划、物料需求计划、车间作业控制(或生产作业控制)。通常把前 3 个层次称为主控计划，它们是制订企业经营战略目标的层次。系统基于数据库技术及中间件技术(操作系统和应用程序之间的软件)等，具有企业管理所需要的各种业务应用系统，整体集成的各子系统主要有采购管理子系统、销售管理子系统、库存管理子系统、人力资源子系统以及财务子系统等。

2. 制造企业生产执行系统(MES)

MES 是一套面向制造企业车间执行层的生产执行系统，是近 30 年来在国际上迅速发展、面向车间层的生产管理技术与实时信息系统。MES 是处于计划层和现场自动化系统之间的执行层，主要负责车间生产管理和调度执行。一个设计良好的 MES 可以在统一平台上集成诸如生产调度、产品跟踪、质量控制、设备故障分析、网络报表等管理功能，使用统一的数据库和通过网络连接可以同时为生产部门、质检部门、工艺部门、物流部门等提供车间管理信息服务。系统通过强调制造过程的整体优化来帮助企业实施完整的闭环生产，协助企业建立一体化和实时化的 ERP/MES/PCS 信息体系。

MES 主要通过先进建模与流程模拟技术、先进计划与调度技术、实时优化技术、故障诊断与健康维护技术、数据挖掘与数据校正技术、动态质量控制与管理技术等实现调度和优化。MES 还能将生产目标及生产规范自动转化为过程设定值，并对应到阀门、泵等控制设备的参数设置。可见，对流程工业而言，MES 处于企业信息化系统的核心位置，其具体设计以及关键技术的解决与否，是流程工业实施综合自动化系统成败的关键，具体的工业生产过程如图 6-3 所示，包括综合生产指标、生产计划、作业计划、作业标准和生产指令，由操作员去操作和控制生产过程。

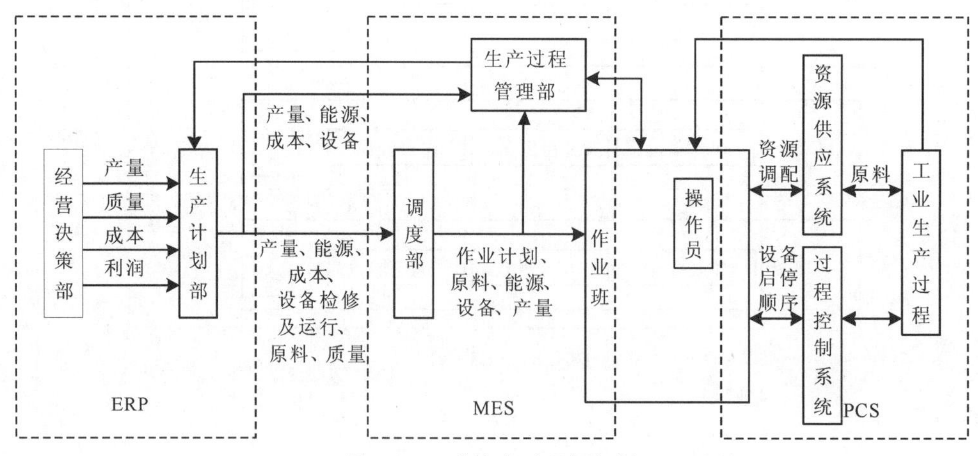

图 6-3 工业生产过程框架图

3. 过程控制系统(PCS)

PCS包括整个生产线的过程控制和单体设备基础自动化两个部分。其主要作用是根据上位系统下达或手工录入的生产指令进行各工序的过程控制,设定各种设备的具体动作参数,进行各种模型计算和控制计算,同时收集实际数据并上传MES。一方面,执行作业计划以及接收主要工艺控制参数,实现管控一体;另一方面,PCS系统将现场生产实绩自动上传,大大节省了操作员的数据录入量并将差错率降到最低,实现了生产现场的透明化。

PCS基于各种传感器、可编程逻辑控制器、集散控制系统等设备,通过先进控制软件,使用软测量技术、实时数据库技术、数据融合与数据处理技术、工业以太网和无线传输技术等技术与现场控制设备相协同,实现对生产过程的监视和操作。

三、企业信息化系统的软件架构

企业信息化系统有主机/终端体系结构、两层C/S体系结构和分布式管理信息系统(Management Information System, MIS)体系结构。随着技术的发展,传统的主机/终端体系结构和两层C/S体系结构不够灵活、资源浪费,逐渐被分布式MIS体系结构取代。分布式MIS体系结构是一组由网络连接起来的自治信息系统,是由软件实现其功能集成的信息体系,用户无论在何处,都可以通过网络上的任一台电脑使用该信息系统,其关键特征是支持分布资源的共享、开放、一致性、可伸缩性、容错性和透明性。目前,分布式MIS体系结构包括多层式C/S架构和基于Web的分布式"浏览器/服务器(Browser/Server, B/S)"架构。

1. 多层式C/S架构

在分布式的应用系统中,可以把中心业务逻辑放在应用服务器上,而把用户界面留在客户端,客户端可调用应用服务器上的业务逻辑进行有关的业务处理,而且还可以直接同数据库服务器连接,进行简单的数据处理。应用服务器同样可以访问数据库服务器,这样应用就构造成多层结构。多层结构中,层次的划分不是物理上的划分,而是结构逻辑上的划分和按应用目标划分。如果客户端要求响应速度很快,业务组件的体积较小,业务组件可以放在客户端;如果业务组件包含大量对数据库的操作,可以配置在数据库服务器上,以减少网络负载,提高运算速度;如果业务组件可供大多数客户机程序访问,则可以使用业务组件构成一个应用服务器,供大家访问。

多层式C/S架构多分为3层,如图6-4所示。前端客户层提供可视化用户接口,处理用户界面,将对业务逻辑的请求发往应用层(服务器),显示服务器处理的结果,担负用户和应用间的对话功能。中间应用层是整个系统的业务逻辑处理的核心,是前端客户层和后端数据层的桥梁,负责响应用户的请求,执行业务逻辑,向数据层要求传送数据。在开发过程中,一般总是把运行在业务逻辑层的软件编写为能被客户机所调用、能够完成一定逻辑功能的专用软件,同数据库服务器相区别。中间应用层次又称为应用服务器。在一个网络中,可以有着多个不同功能的应用服务器,为客户机或者其他应用服务器提供专业服务,这样发展成多层结构,也就是所谓的分布式计算方式。后端数据层对应于数据库服务器,负责管理数据的定义、维护、访问和更新,以及管理并响应应用服务器的数据请求。

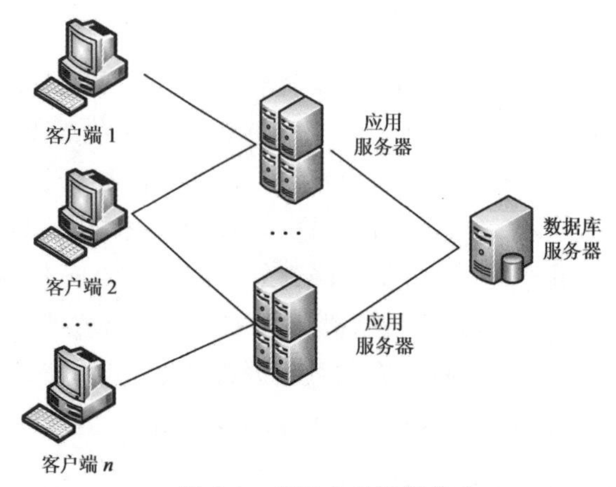

图 6-4　多层式 C/S 架构

2. 基于 Web 的分布式 B/ S 体系结构

基于 Web 的分布式 B/S 体系结构是新型的、以服务器为中心的结构体系，如图 6-5 所示。与多层式 C/S 架构相比，它使企业摆脱了传统需要密集人力资源、高成本的操作及管理方式，而转向 Web 服务器，把注意力集中到如何建立高效灵活的应用系统上。

图 6-5　基于 Web 的分布式 B/S 体系结构

这种以服务器为中心的体系立足于数据库服务器的能力、可管理性以及向应用程序提供必需数据的灵活性。用户不需要安装任何客户端，直接通过浏览器就可以实现 C/S 模式中客户端的功能。基于 Web 的分布式 B/S 体系结构类似于多层式 C/S 架构，浏览器替代客户端担负用户和应用间的对话功能，Web 服务器取代了应用服务器负责响应用户的请求，执行业务逻辑，向数据层要求传送数据。使用 HTML 超文本标记语言和 HTTP 超文本传输协议进行数据传输。基于 Web 的分布式 B/S 体系结构共分为 3 种形式。

第一种：客户端—服务器—数据库，是常用的形式，可应用于大多数系统，普适性强。

(1)客户端向服务器发起 HTTP 请求。

(2)服务器中的 Web 服务层能够处理 HTTP 请求。

(3)服务器中的应用层部分调用逻辑层业务。

(4)如果有必要，服务器会与数据库进行数据交换。然后将模版和数据渲染成最终的 HTML，返送给客户端。

第二种：客户端—Web 服务器—应用服务器—数据库，相比于第一种，此形式将 Web 服务和应用服务解耦，可更方便、快捷地响应客户端的需求。

(1)客户端向 Web 服务器发起 HTTP 请求。

(2)Web 服务能够处理 HTTP 请求，并且调用应用服务器的表述性状态转移接口。

(3)应用服务器的表述性状态转移接口被调用，会执行对应的暴露方法；若需与数据库进行数据交互，应用服务器在与数据库交互后，将数组对象数据返回给 Web 服务器。

(4)Web 服务器将模板和数据组合渲染成 HTML 返回给客户端。

第三种:客户端—负载均衡器—中间服务器—应用服务器—数据库,这种模式相对于前两种模式各部分独立性更强,数据流通更便捷,一般用在有大量的用户、高并发的应用中。

(1)真正在外的不是真正 Web 服务器的地址,而是负载均衡器的地址。

(2)客户向负载均衡器发起 HTTP 请求。

(3)负载均衡器能够将客户端的 HTTP 请求均匀地转发给服务器集群。

(4)服务器接收到 HTTP 请求之后,能够对其进行解析,并且能够调用应用服务器的表述性状态转移接口。

(5)应用服务器的表述性状态转移接口被调用,执行对应的暴露方法;若需与数据库进行数据交互,应用服务器在与数据库交互后,将数组对象数据返回给服务器集群。

(6)服务器层将模板和数据组合渲染成 HTML 返回反向代理服务器。

(7)反向代理服务器将对应 HTML 返回给客户端。

四、钢铁冶金铁前信息化系统

本小节以流程工业中的钢铁冶金铁前过程为例,呈现企业信息化系统的实际应用。钢铁冶金铁前过程是钢铁冶金行业对从准备原料到炼制铁水这一部分的统称,主要包括烧结过程、炼焦过程和高炉过程这 3 道大工序,烧结过程生产的烧结矿和炼焦过程生产的焦炭进入高炉冶炼,最终生成铁水(图 6-6)。在铁前过程中,需要满足节能降耗、高效益、绿色制造、智能制造的生产需求。

铁前信息化系统是烧结、炼焦和高炉 3 个过程的信息化系统的统称。包括烧结过程先进与控制智能优化系统、炼焦过程先进与控制智能优化系统、高炉过程先进与控制智能优化系统。为了达到安全、环保和高效的生产目标,铁前信息系统需要达到在现有工艺流程、生产设备的情况下,利用过程信息,并以工艺指标、节能降耗和高效益为目标,实时在线优化生产过程参数,使整个过程处于最优状态的生产控制要求,以达到安全、环保和高效的目标。

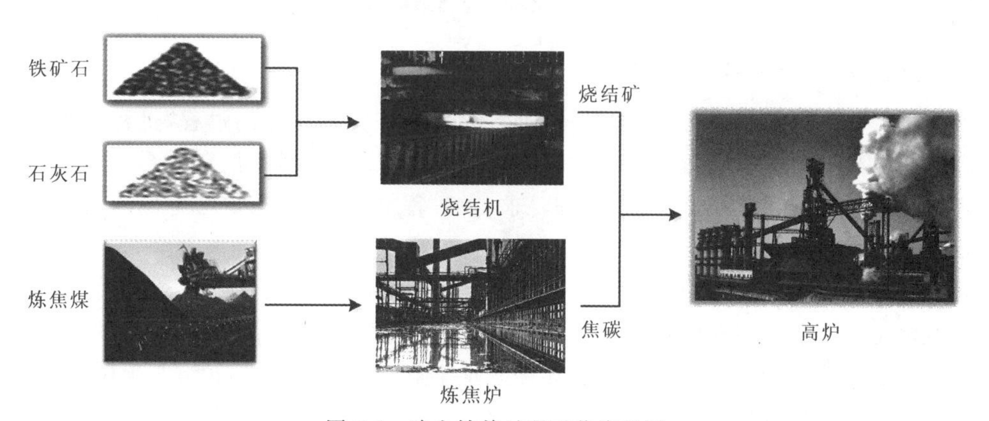

图 6-6　冶金铁前过程工艺流程图

铁前过程的控制与优化思想体现在两个方面,即复杂工业过程分布式智能控制技术和面向全流程优化的智能控制技术。复杂工业过程分布式智能控制技术将全流程划分成多个相互关联的区域,由区域控制系统实施区域控制目标;各区域间的智能协调控制与优化实现综合生产目标;面向全流程优化的智能控制技术是以智能优化为核心,实现过程操作参数→过程状态参数→综合生产目标的分层递阶控制。因此,对于铁前信息化系统的总体结构和功能划分,则如图 6-7 所示分为 3 层,分别是厂级管理层、过程控制层和基础自动化层。厂级管理层包括生产、技术、计划等管理部门的生产管理控制,其功能包括生产计划优化调整、生产数据跟踪收集、质量控制、库房原料管理等;在过程控制层,需要根据实时工况,实现过程参数的优化设定,通过运用先进控制方法实现对过程参数优化设定的有效跟踪控制;基础自动化层则是由检测仪表、执行机构和集散控制系统构成,负责上传过程检测参数和设备参数等信息。

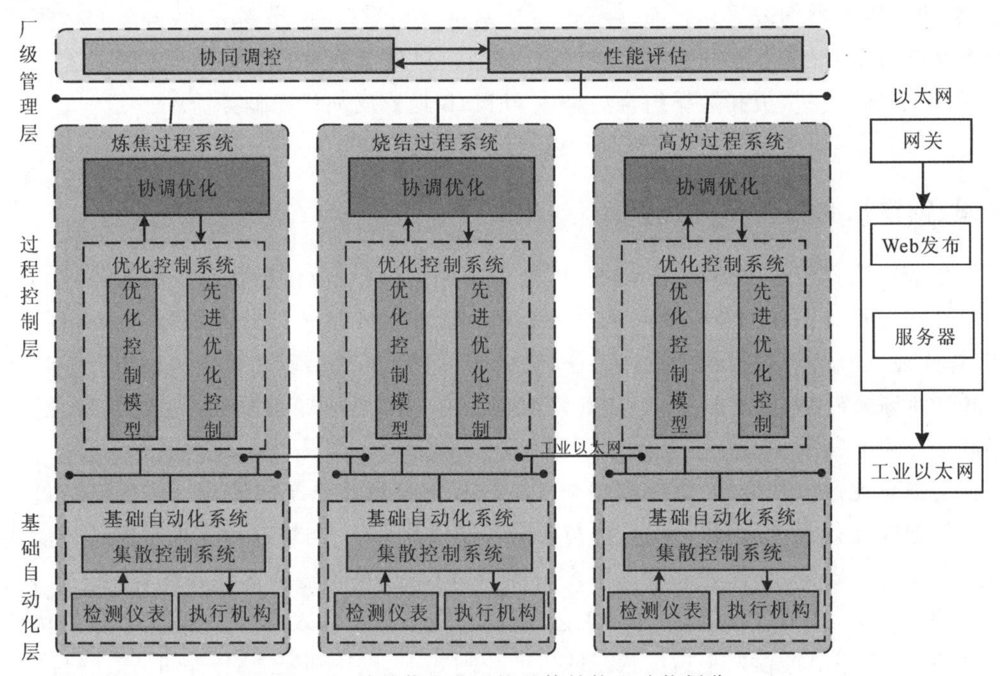

图 6-7 铁前信息化系统总体结构和功能划分

1. 烧结过程信息化系统

烧结过程是指把粉状物料(铁原料)经过点火烧结炼为烧结矿的过程,过程中涉及配料比、目标火道温度、集气管压力、结焦时间等多种变量。烧结过程的信息化系统在管理方面需要考虑烧结矿质量和产量、节约成本等要求;在过程优化方面,需要考虑配料与点火优化控制等要求。

烧结过程监控系统总体结构如图 6-8 所示,包括过程模拟层、基础自动化层、优化控制层和碳效优化层 4 层。在基础自动化层,配备有 PLC、检测仪表和执行机构,实现数据采集、基本回路控制等功能;在优化控制层,配备有工业控制计算机、InTouch 组态软件、烧结终点控制软件等软件实现算法优化控制;在碳效优化层,配备有商用计算机、数据库服务器并安装综合优化等软件,可监视大屏幕并进行数据分析。整个监控系统由数据采集、生产过程监视、数据管理、用户管理四大功能模块组成。数据采集模块主要通过 PLC 和 DCS 以及从数据库中进行数据读取;生产过程监视模块是从 PLC 及数据库中得到实时数据,可以进行画面监视;数据管理模块将实时关键生产数据存入实时数据库中,进行历史和实时曲线的生

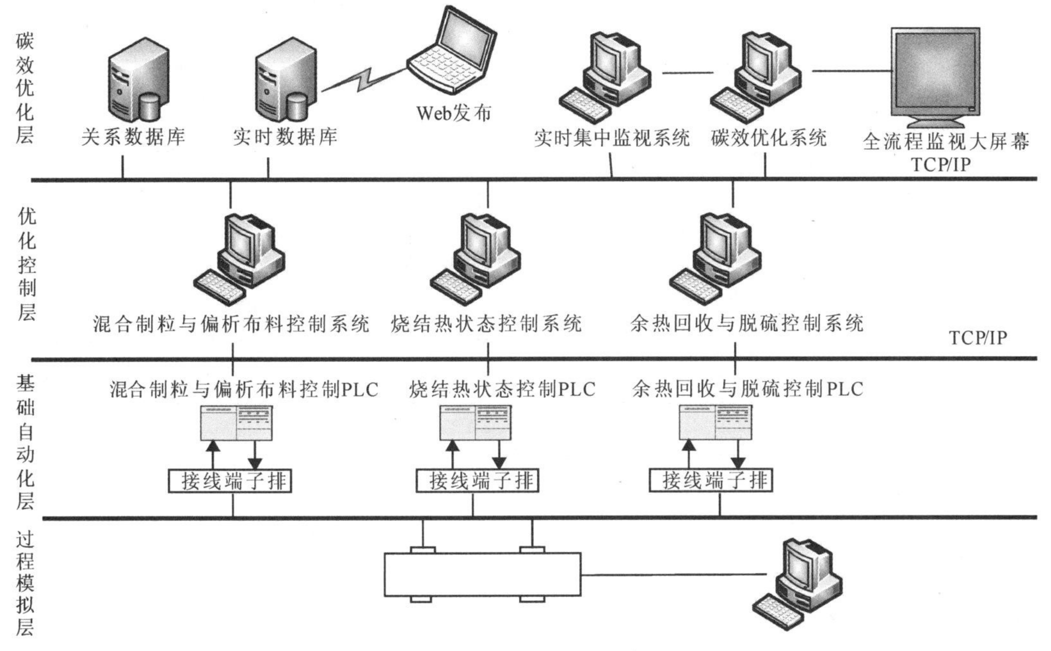

图 6-8　烧结过程监控系统总体结构

成，可以进行远程 Web 发布。

2. 焦炉过程信息化系统

炼焦过程是指将炼焦煤在隔绝空气条件下进行高温干馏，通过热分解和结焦产生焦炭、焦炉煤气的过程。该过程中需要考虑配煤过程智能优化与控制、焦炉火道温度集成软测量方法、焦炉加热燃烧过程智能控制和焦炉生产全流程优化的需求。

从生产全流程的角度有效降低生产能耗、提高焦炭质量、延长焦炉寿命和降低劳动强度方面考虑，采用分层递阶控制系统结构进行炼焦生产全流程优化。焦炉系统监控总体结构主要集中在图 6-9 中三层结构，包括基础自动化层、局部优化控制层和综合生产目标优化与集中监视层。基础自动化层采集现场生产数据，下发控制；局部优化控制层由 OPC 服务器、数据库服务器与炼焦生产局部过程优化系统组成，实现配煤智能优化与决策支持、加热燃烧过程控制和焦炉作业优化调度；综合生产目标优化与集中监视层完成对各类参数的实时监视。依照系统需求，将系统分为优化计算模块、数据查询模块、参数设置模块、配比管理模块、曲线显示模块、数据导出模块 6 个模块。

3. 高炉过程信息化系统

高炉过程是指将烧结和炼焦产物在高温条件下炼制为铁水的过程。该生产过程中需要考虑顶压控制、料面温度检测、炉况诊断、热风炉控制的需求。顶压控制存在压力耦合，顶压机理模型参量很难准确辨识，且采用基于对象模型的控制方法难以取得理想效果；料面温度场直接反映了高炉料面煤气流分布情况和化学能的利用效率，而基于单一信息建模，不能准确地反映高炉料面温度的分布；炉况方面目前国内基本应用专家系统来反映炉况，效果并不理想，需要及时发现故障，预测炉况；热风炉送风风温不高、燃烧煤气热值低、缺乏检测设备，

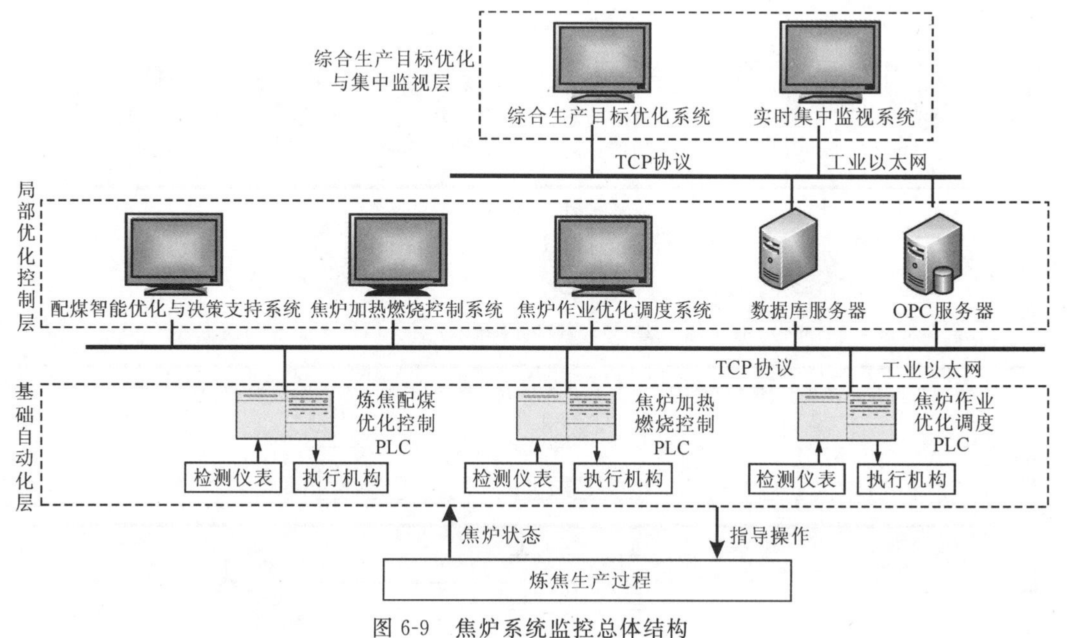

图 6-9 焦炉系统监控总体结构

其中空燃比是影响热风炉燃烧过程的重要工艺参数，是热风炉燃烧控制的关键。

高炉监控系统需要模拟现场数据流，在线实时监控高炉的布料等操作和状态指标数据，同时对高炉顶压进行控制，从而使高炉煤气得到充分利用，另外需要考虑料面温度场监控及热风炉控制，并能对高炉炉况进行诊断。层次结构如图 6-10 所示分为 L1 级、L2 级、L3 级。L1 级为基础自动化层，负责炼铁过程的逻辑控制、回路控制、人机接口和数据通信；L2 级为过程控制层，负责生产过程的数据收集、模型计算、过程监视、操作指导、数据通信；L3 级为生产管理层，负责焦化厂、烧结厂和炼铁厂之间的数据通信和协调。

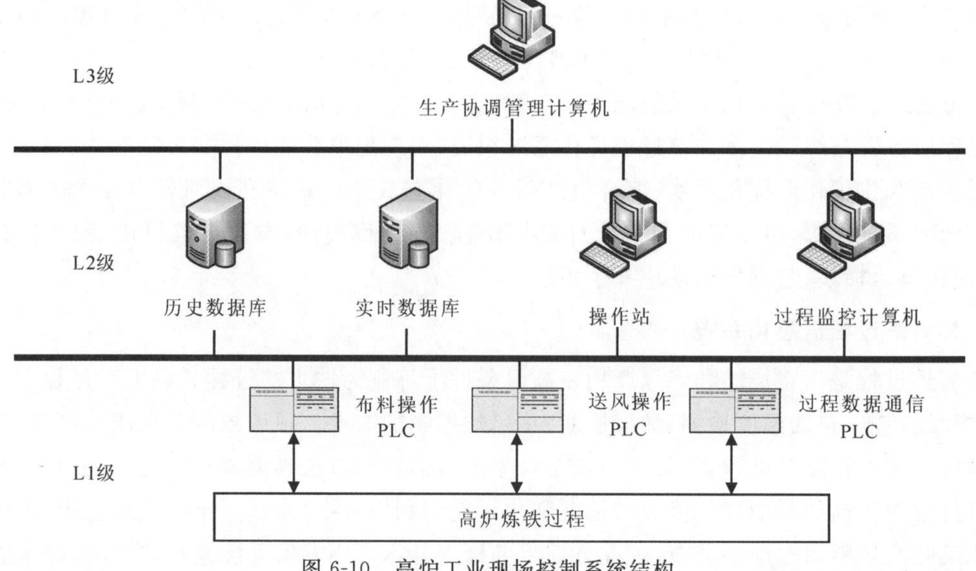

图 6-10 高炉工业现场控制系统结构

综合监控系统和过程控制系统提供的各种状态信息，采用智能检测、信息融合、数字图像处理等先进技术手段，基于多源信息融合的高炉料面温度场模型，开发了高炉料面温度场线检测系统，包括中心和边缘温度场在线检测、径向温度分布在线检测等，将系统成功地应用于高炉实际工业生产过程中，为高炉布料操作提供了实时准确的指导。系统采用可视化界面，以温度场伪彩图、红外图、米字图、等温线等形式形象展示出料面温度场在线检测结果。通过可视化界面，高炉操作员可以清晰地观察出高炉料面中心温度场分布、料面边缘温度场分布、等温区域分布等，从而有效辅助高炉操作员判断炉喉煤气流分布，诊断异常炉况和指导高炉布料操作。

第三节　智能化的企业信息化系统

21 世纪以来，新一代信息技术呈现爆发式增长，数字化、网络化、智能化技术在制造业广泛应用，制造系统集成式创新不断发展，形成了新一轮工业革命的主要驱动力。企业信息化系统的智能化特征已有一些呈现，本节首先分析智能制造的内涵，然后介绍智能制造的基础——工业互联网，最后以阿里云的工业大脑开放平台为具体例子，呈现企业信息化系统的构建新模式。

一、智能制造

智能制造是一个广泛的制造概念，其目的是通过充分利用先进的信息和制造技术来优化生产与产品交易。它是一种新型制造模式，可极大地改良典型产品整个生命周期的设计、生产、管理和集成。生产过程可以使用各种智能传感器、适应性的决策模型、先进材料、智能设备和数据分析来优化整个产品生命周期，而生产效率、产品质量和服务水平也会得到提高。一个制造企业在面对全球市场的动态和波动时展现出来的能力，会帮助其提升竞争力。

流程工业在促进全球经济增长、保障社会效益方面扮演着非常重要的角色。随着化学工程、装备制造与信息技术的发展，现代流程工业生产过程的空间规模和功能复杂性迅速增长。这一趋势也给不同层次的最佳和安全操作带来了重大挑战。在底层的控制层，由于不同的装置与过程之间联系紧密，因此多回路、多尺度的耦合现象普遍存在，这直接阻碍了全厂控制运行策略的有效设计。此外，由于流程易受到干扰和故障源的影响，在过程设计阶段很难将这些因素考虑在内，因此异常事件的风险大大增加。在顶层的调度和计划优化中，必须根据外部环境中的各种因素，实时、灵活地做出决策；在全球竞争日益激烈的情况下，为了节约运营成本和提高经济效益，这种决策方式是必不可少的。为了满足现代流程工业对安全、效率和可持续生产的严格要求，智能制造方面的技术革新迫在眉睫。

针对流程工业制造系统的智能化，主要理念是在工业物联网的基础上，通过融合知识的企业级资源计划优化、调度优化和生产过程优化实现过程工业的升级转型。面对流程工业制造系统调控的智能、自主和可控的要求，智能感知、自主控制和智能决策等关键技术亟需突破。

二、工业互联网

2012年，通用电气公司提出了产业设备与信息技术融合的概念，将工业互联网定义为基于开放、全球化的网络，把设备、人和数据分析连接起来，通过对大数据的利用与分析，增强工业设备的智能化，从而降低能耗，提升效率。从智能制造维度来讲，工业互联网不是一张网，而是互联的工业系统。在企业内部，需要实现各类制造设备、制造系统互联；需要实现管理系统、控制系统互联；需要延伸实现产业链上下游企业互联，构成制造网络等。工业互联网的内涵是“人、机、物”深度融合的智能网络空间。主要特征体现在4个方面：人行为模型、工业过程模型、信息系统模型的三元融合；可以实时反映工业过程的时空变化和时空关联；信息空间与物理空间的同步演进；实现工业过程的自感知、自分析、自优化、自执行等功能的智能涌现。

工业互联网的核心功能原理是基于数据驱动的物理系统与数字空间融合交互，以及在此过程中的智能分析与决策优化，主要包含感知控制、数字模型、决策优化3个基本层次，自下而上的信息流和自上而下的决策流构成了工业数字化应用优化闭环(图6-11)。

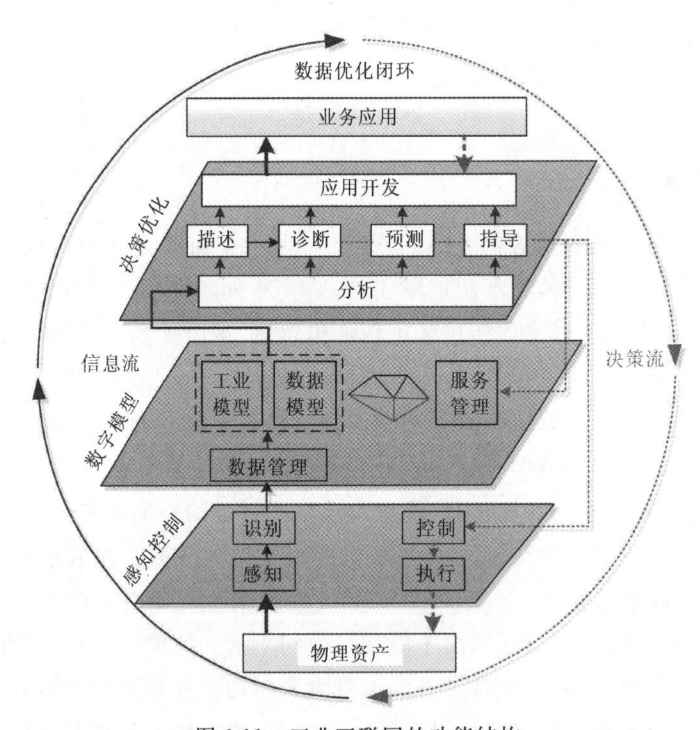

图6-11 工业互联网的功能结构

(1)感知控制层构建工业数字化应用的底层，具有感知、识别、控制、执行4种功能。

(2)数字模型层强化资产数据的虚拟映射与管理组织，提供支撑工业数字化应用的基础资源与关键工具，包含数据管理、数据模型和工业模型构建、服务管理3类功能。

(3)决策优化层聚焦数据挖掘分析与价值转化，形成工业数字化应用核心功能，主要包括分析、描述、诊断、预测、指导及应用开发。

自下而上的信息流和自上而下的决策流形成了工业数字化应用的优化闭环。信息流是从数据感知出发，通过数据的集成和建模分析，将物理空间中的资产信息和状态向上传递到虚拟空间，为决策优化提供依据。决策流则是将虚拟空间中决策优化后所形成的指令信息向下反馈到控制与执行环节，用于改进和提升物理空间中资产的功能与性能。在信息流与决策流的双向作用下，底层资产与上层业务实现连接，以数据分析决策为核心，形成面向不同工业场景的智能化生产、网络化协同、规模化定制和服务化延伸等智能应用解决方案。

三、工业大脑

在工业场景当中，数据种类繁杂，针对工业产品生产周期各阶段，从最早的采购到产品的设计，到生产过程、工艺过程，再到生产出来后的销售供应链等，数据量也非常可观。将数据进行充分的打通与汇聚，用数据驱动的方式帮助工业企业提升生产效率，是一条提升智能化水平的新路径。2017 年，阿里云提出了“工业大脑”的概念，目的是以数据为中心，把产品生产全流程的数据进行打通与汇聚，构建工业数据平台，支撑上层智能算法把数据的价值充分挖掘出来。工业大脑不仅用数据揭示过去，更衍生出各种各样的智能化的应用，帮助指导生产。本小节具体分析工业大脑的组成部分及体系结构。

1. 组成部分

一个完整的工业大脑由 4 部分组成，分别是云计算、大数据、专家经验与机器智能。工业大脑的思考过程，简单地讲是从数字到知识再回归到数字的过程。生产过程中产生的海量数据与专家经验结合，借助云计算能力对数据进行建模，形成知识的转化，并利用知识去解决问题或是避免问题的发生。经验知识又将以数字化的方式呈现，完成规模化的复制与应用。

云计算让想象变为可能。从远古时代的结绳记事，到算盘的问世，再到计算器与电脑的大规模应用，每一次计算工具升级都带来巨大的生产力。云计算的出现，让更多天马行空的想法快速变成现实。部署在云端的上万台电脑可以随时合体成一台超级电脑，每秒处理上千万条指令，撬动工厂中沉睡的数据资源，由此产生的价值是巨大的。

大数据是智力进化的养分。工厂就像是热带雨林，数据是栖息在雨林中的各种生物，虽然有万种之多，但却很少能够看见，因为数据都深埋在设备、工具与系统中。数据中的隐形线索承载着大量的碎片化信息与知识。当这些沉底的数据在不同维度、不同时间、不同频率、不通场景下被唤醒，且数据间能够相互结合、关联或是比对，碎片化的知识将被重新拼织起来，为机器与人类专家提供问题诊断的关键依据。

专家经验将复杂问题简单化。由于掌握丰富的工艺参数与设备机理认知，行业专家可参与包括问题识别、确认、模型与算法优化的全过程。专家凭借经验、常识，甚至是直觉，通过排除法做到复杂问题简单化，确保机器智能与实际业务需求吻合，便于模型与算法的开发。比如工艺专家可以在上千个生产参数中快速识别参数间的因果性，并排除对生产质量影响微小的参数，极大减轻建模、算法的工作量，同时提高准确性。

机器智能打破认知边界。数字时代制造企业的核心竞争力不在于拥有多少资产，而在于拥有多少代码。机器智能具备3个人类所不具备的能力。机器智能具有生成和分析大量可能性的能力，可以穷尽所有的“选项”，扩展认知的边界，创造新的知识，摆脱“老师傅”的认知局限；机器智能有完整的记忆能力，会记住每一件事，留意每一条蛛丝马迹，然后再确定这些保存完好的经历中哪些部分对解决问题是重要的；机器智能可以完全脱离载体，同时在多个地点复制或展示智能。

2. 体系结构

工业大脑开放平台在云平台的基础上搭建，包括数据工厂、算法工厂、人工智能创作间3部分，赋能各行各业。体系结构如图6-12所示。

(1)数据工厂提供一站式智能数据的汇集、处理、加工。负责存储与管理来自不同渠道的数据，包括来自生产设备、仪器仪表、工业软件、图像、语音与视频的数据，甚至是来自外部的电商数据与天气数据，它们都可被有序地、实时地存放在数据工厂中。根据数据不同的特性与用途进行统一管理，确保数据的全量、干净与标准，以备随时的数据调用与上传。

(2)算法工厂内置引擎，可一键运行、一键部署。算法工厂的作用是为算法提供各种工具上的支持，包括提供数据格式和数据接入的管理，支持接入多种计算平台的算法，对算法进行版本的管理，定义算法所能使用的数据范围、资源范围和场景等。

(3)人工智能创作间能可视化编排工业智能流水线。依托创作间，模板工程师准备好行业模板与通用的算法模板，将数据与算法用业务化的语言进行表达。算法工程师则根据实际业务场景来选择和使用这些模板，并在此基础上开发出企业专属的智能算法与应用。

在具体行业进行应用，可基于工业大脑开放平台进行可视化的应用搭建，直观化地应用数据呈现。基于实际应用效果，可对算法、策略进行动态的改进。

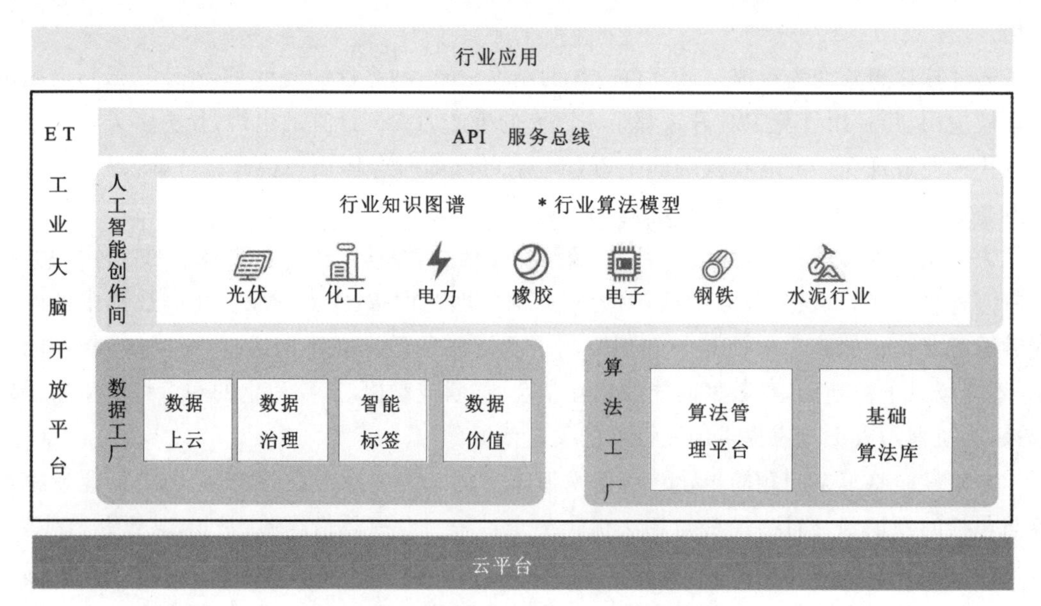

图6-12 工业大脑开放平台的体系结构

习　题

(1)铁前过程主要包含哪些过程？各过程的工艺原理是什么？

(2)信息化系统的三层机构是什么？在工业现场具体应用时会与理论产生哪些差异？产生差异的原因是什么？

(3)ERP、MES 和 PCS 的主要功能特点有哪些？

(4)流程工业的复杂性可以体现在哪些方面？

(5)钢铁冶金铁前过程的总体结构和功能划分有哪三层？并分析各层的功能。

(6)基于对钢铁冶金铁前工艺的了解，查阅资料尝试改进现有的铁前信息化系统。

(7)针对钢铁冶金铁前信息化系统的需求和功能，尝试设计基于工业云平台(或其他)的企业信息化系统。

第七章　过程控制系统工程设计与开发

在进行实际工程设计与开发时，要在深入分析对象特性和控制需求的基础上，遵循工程设计的规范和流程，将过程控制系统理论联系工程实际，构建合适的过程控制系统。本章首先介绍了过程控制系统工程设计的基础概念，然后以 SMPT-1000 过程控制试验台为例，基于西门子 PCS7 系统详细分析过程控制系统工程设计的流程。

第一节　控制系统工程设计概述

在进行工程设计前，首先应全面了解生产过程，深入分析工艺流程；其次要根据工艺要求，确定最佳控制方案，选择合适的检测变送器和执行器；最后要根据具体的控制性能指标，对过程控制系统进行控制器设计、参数整定和投运。本节围绕过程控制系统工程设计，重点介绍了工程设计的基础概念、设计规范、方法与步骤等内容。

一、控制系统工程设计基础

过程控制系统工程设计是指用规范的图样资料和文件资料表达控制系统的设计思想和实现过程，并能够按照图样进行施工。工程设计针对某生产工艺流程实施具体的过程控制方案，是将书本知识用于实践的重要体现。

完成过程控制系统工程设计，既要掌握控制理论及控制工程的基本理论知识，又要熟悉自动化技术常用工具的使用方法及型号、规格、价格等信息，还要了解现代先进过程控制系统结构及网络实现技术。例如，随着计算机、传感和通信等信息技术的发展，现场传感器、控制器及执行器之间的网络交互已是常规手段，远程控制、资源共享已成为当前过程控制系统实施的基本特征，此时要求设计者对网络的工程构建知识有所掌握。在过程控制系统工程实现中，对于其他专业知识也应有所涉猎，如项目概念与项目运作方式、招标与投标、供配电工程、常用设备及管材的规格与型号等。

1. 主要内容

过程控制系统工程设计的主要内容包括：在熟悉工艺流程、确定控制方案的基础上，完成工艺流程图和控制流程图的绘制；在仪表选型的基础上完成有关仪表信息的文件编制；完成控制室的设计及其相关条件的设计；完成信号联锁系统的设计；完成仪表供电、供气关系图及管线平面图的绘制，以及控制室与现场之间水、电、气的管线位置图的绘制；完成与过程控制有关的其他设备、材料的选用情况统计及安装材料表的编制；完成抗干扰和安全设施的设计；完成设计文件的目录编写等。

2. 基本任务

过程控制系统工程设计的基本任务是负责工艺生产装置和公用工程、辅助工程系统的控制，检测仪表、在线分析仪表和控制及管理用计算机等系统的设计，以及有关的顺序控制、信号报警和联锁系统，安全仪表系统和紧急停车系统的设计。完成这些基本任务时，还要考虑过程控制所用的辅助设备及附件、电气设备材料、安装材料的选型设计，过程控制的安全技术措施和抗干扰、安全设施的设计，以及控制室、仪表车间与分析器室的设计。

在设计工作中，必须严格地贯彻执行技术标准和规定，根据现有同类型工厂或试验装置的生产经验及技术资料，使设计建立在可靠的基础上。在设计过程中，应对工程的情况、国内外自动化水平、自动化技术工具的制造质量和供应情况，以及当前生产中的一些新技术发展的情况进行深入调查研究，并做出合理的选择。

3. 设计要求

工业生产过程多种多样（如化工、冶金、电力、石油等），不同的生产过程具有不同的工艺参数（如温度、压力、流量、液位、成分等），不同的过程控制系统的要求也各不相同。一些系统要求克服外界扰动，稳定生产、工况最优，提高产品的质量和产量；一些系统要求提高劳动生产率，降低生产成本，节约能源，提高经济效益；一些系统强调安全生产、改善劳动条件、保护环境等。系统要求可归纳为 3 个方面：安全性、稳定性和经济性。

安全性是指在整个生产过程中确保人员和设备的安全，它是过程控制系统的最基本要求。通常采用参数越限报警、事故报警、联锁保护等措施加以保证过程控制系统的安全。稳定性是指系统在一定的外界扰动下，在系统参数工艺条件的一定变化范围内，能长期稳定运行的能力，它是系统能控的前提。除了要求系统满足稳定性之外，还必须具有适当的稳定裕度和良好的动态响应特性。准确性是指系统被控量的实际运行状况与希望状况之间的偏差要小，使系统具有足够的控制精度，一般通过超调量和稳态误差来加以度量；快速性是指系统从一个工作状态向另一个工作状态过渡的时间要短，一般要求过渡过程是一个衰减震荡过程（特殊生产要求除外）。经济性是指在提高产品质量、产量的同时，要降耗节能，提高经济效益与社会效益。通常，采用先进的控制手段对生产子过程乃至整个过程进行优化控制，是满足工业生产对经济性要求的重要途径。

但在实际工程项目中，这些要求往往是互相矛盾的。例如：为了使系统的控制精度高，系统的稳定性可能会受到影响；要保证系统的稳定性，可能系统的快速性又会受到影响。因此，在工程设计过程中，应根据实际情况分清主次、灵活变通，确保设计满足最重要的质量和控制要求。

二、控制系统工程设计规范

工程设计一般用图形和代号等工程设计符号来表示，在工程设计的图纸中，按照设计标准均有统一规定的图例和符号。下面将介绍这些图例符号的使用规范和标准。

(一)图形符号

过程检测和控制系统的图形符号，一般来说由测量点、连接线(引线、信号线)和仪表圆圈三部分组成。

1. 测量点

它是由过程设备或管道符号引到仪表圆圈的连接引线的起点，一般无特定的图形符号；如果测量点在设备当中且需要标出其在设备中的位置时，可以用细实线或虚线来表示，如图7-1所示。

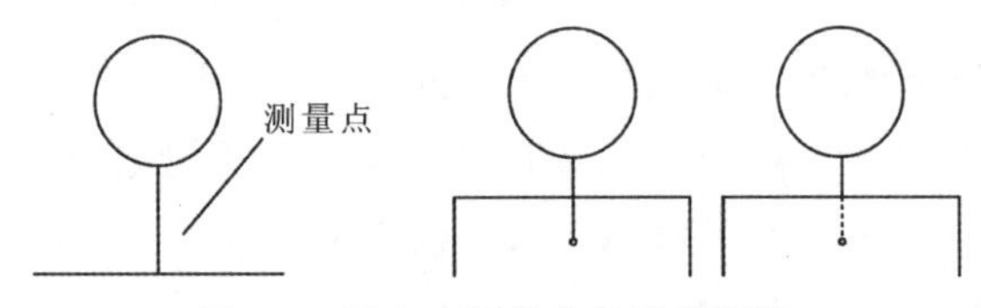

图 7-1 设备中测量点的图形符号

2. 连接线图形符号

连接线一般用细实线表示，主要用于检测变送仪表与过程测量点或电源间的连接。信号线交叉和连接的图形符号有两种，分别如图7-2和图7-3所示，在同一个工程中只能任选一种。方式 I 中信号线的交叉为断线，信号线连接直接相交；方式 II 中信号线的交叉不断线，信号连接需标注连接点。

图 7-2 信号线交叉和连接的表示方式 I　　图 7-3 信号线交叉和连接的表示方式 II

3. 仪表图形符号

仪表图形符号是直径为12mm(或10mm)的细实线圆圈。仪表位号的字母或阿拉伯数字较多，圈不能容纳时，可以断开。处理两个或多个变量，或处理一个变量但有多个功能的复式仪表时，可以用相切的仪表圆圈来表示。当需要将两个测量点引到一台复式仪表上，而两个测量点在图纸上距离较远或不在同一张图纸上时，要分别用两个相切的实线圆圈和虚线圆圈表示，如图7-4所示。

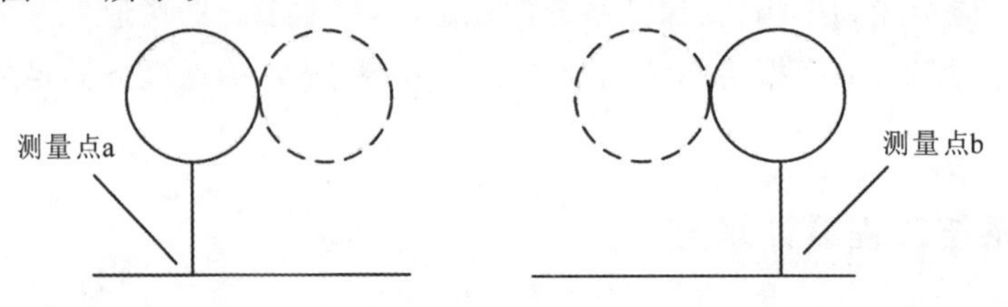

图 7-4 一台仪表引入两个测量点表示方法

(二)仪表位号

在检测系统和控制系统中，构成一个回路的诸多工业自动化仪表都要用仪表位号来标示。仪表位号由字母代号组合和回路编号两部分组成，仪表位号中的第一位字母表示被测量，后继字母表示仪表的功能；回路的编号由工序号和顺序号组成，一般用3～5位阿拉伯数字表示。简单仪表位号如图7-5所示。

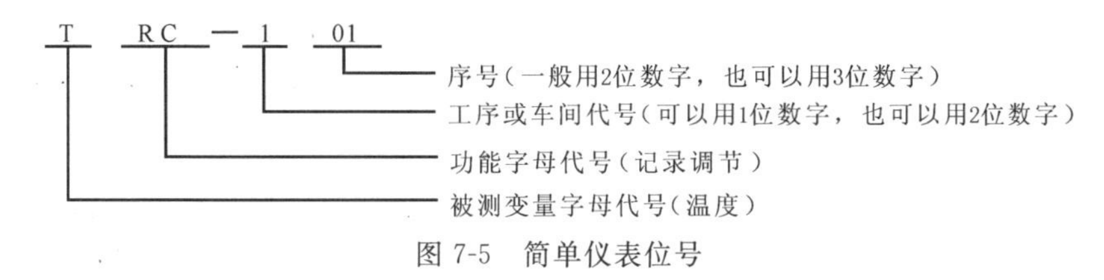

图7-5　简单仪表位号

带控制点流程图和仪表系统图上的仪表位号表示方法是：字母代号填写在圆圈上半圈中，回路编号填写在圆圈下半圈中，集中仪表盘面安装仪表，圆圈中有一横，如图7-6所示。第一位字母表示被测变量（P表示被测变量为压力），后续字母表示仪表的功能（I表示具有指示功能，C表示具有控制功能）；数字207中2代表仪表所在工序号（或工段号），07代表这类具有相同功能仪表的具体序号。

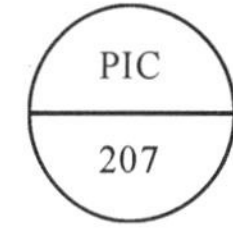

图7-6　简单仪表位号图

仪表位号按测量变量不同进行分类，即同一个装置（或工序）的同类被测变量的仪表位号中顺序编号应是连续的，但允许中间有空号；不同被测变量的仪表位号不能连续编号。多机组的仪表位号一般按顺序编制，而不用同一位号加后缀的方法。如果同一仪表回路中有两个以上相同功能的仪表，可用仪表位号加后缀（大写英文字母）的方法加以区别。

（1）当属于不同工序的多个检测元件共用一台显示仪表时，显示仪表位号在回路编号中不表示工序号，只编制顺序号；在显示仪表回路编号后加阿拉伯数字顺序号后缀的方法表示检测元件的仪表位号。

（2）当一台仪表由两个或多个回路共用时，各回路的仪表位号都应标注。仪表位号的第一位字母代号（或者是被测变量和修饰字母的组合）只能按被测变量来选用，而不是按照仪表结构或被控变量来选用。仪表位号中表示功能的后继字母，是按照读出或输出功能而不是按照被控变量选用，后继字母应按I、R、C、T、Q、S、A（指示、记录、控制、传送、积算、开关或联锁、报警）的顺序标注。仪表位号的功能字母代号最多不超过4个字母。一台仪表具有指示、记录功能时，仪表位号的功能字母只注明字母“R”，而不标注字母“I”。

（3）当一台仪表具有开关、报警功能时，只标注字母代号“A”，而不标注“S”。当字母“SA”出现时，表示这台仪表具有联锁和报警功能。

（4）当一台仪表具有多功能时，可以用多功能字母代号“U”标注，也可以将仪表的功能字母代号分组进行标注。

三、控制系统工程设计方法与步骤

当需要实施一个具体的工程项目时，应当按照一定的方法和步骤来完成这些工程的设计内容。工程设计主要包括立项报告设计、施工图设计、抗干扰设计和接地保护设计。

1. 立项报告设计

立项报告是上级主管部门审批项目的依据，同时也是订货基础。为保证立项报告的合理性和可行性，需要做好前期准备工作。一方面要进行深入的前期调研，了解国内同类项目目前的自动化程度及发展趋势，搜集与项目设计有关的参考图样、设计手册及标准规范，从中吸取有益经验和参考依据；另一方面要根据企业的实际情况，制定合理的质量目标和规划。

在立项报告的设计过程中需注意以下几个环节：控制任务的提出、控制方案以及电源、气源、仪表、控制室和控制台布置等的确定；确定企业自身及其协作单位的设计任务分工；说明设计依据及其在国内外同行业中的采用情况；提供设备清单（价格、供货商等）、经费预算、参加人员等说明；预测并分析系统的经济效益等。

2. 施工图设计

施工图是指用于系统实施的具体技术文件和图样资料，主要包括图样目录、说明书、设备汇总表、设备装置数据表、材料表、连接关系图、测量管路和绝热伴热方式表、信号原理图、平面布置图、接线图、安装图、工艺管道和仪表流程图、接地系统图等。还要注明连接端子的编号、接头号、所在设备号和去向号等。

在进行施工图设计之前需要做好相应的准备工作，包括熟悉本次项目的工艺流程，确定控制系统设计方案并画出工艺管道及控制流程图，选好仪表型号等。接下来进行的是控制设计部分，包括控制室设计、控制室配线设计、供电供气系统图设计等，这样才能为土建、暖通、电气等专业施工提供相关信息。还要进行各种参数的整定与计算，例如调节阀及节流装置的计算，列出调节阀与节流装置的计算数据与计算结果。在设计工作基本完成后，需要编写说明书以及自控图纸目录等文件来解释说明此次进行的工程设计内容。

3. 抗干扰设计

抗干扰设计是过程控制系统工程设计中一个非常重要的部分，仪表及控制系统的干扰会影响过程控制系统的工作精度，甚至造成系统瘫痪，产生安全事故。为此，分析干扰的来源，给出相应的消除措施，对于过程控制系统的工程设计是非常有必要的。针对磁辐射干扰、电源和信号引入线干扰、接地系统干扰、系统内部干扰等，主要有以下几类抗干扰措施。

（1）隔离。常用的隔离方法有：使用耐压等级、绝缘电阻等符合规定的绝缘材料；采用能够对信号减少影响的布线方式。例如，在平行敷设的动力线和信号线之间保持一定的间距，保证交叉敷设的动力线和信号线之间垂直，金属汇线槽中的导线、电缆和电线要用金属板隔开；采用隔离变压器、光耦合隔离器等隔离器件将供电系统与电气线路隔断。

（2）屏蔽。屏蔽干扰是指用金属导体将被屏蔽的元器件、电路、信号线等包围起来，该方法可用于抑制电磁性噪声耦合。

（3）滤波。对于由电源线或信号线引入的干扰，可设计不同的滤波电路对其进行抑制。例如，在信号线和地之间并接电容，可减少共模干扰的影响；在信号两级间加装 π 型滤波器，可减少差模干扰的影响。

4. 接地保护设计

接地系统的主要作用是保护人身与设备的安全和抑制干扰。不良的接地系统会影响系统的正常工作，严重的会导致系统瘫痪。接地系统分为保护性接地和工作接地两类。保护性接地是指将电气设备、用电仪表中不应带电的金属部分与接地体之间进行良好的金属连接，以保证这些金属部分在任何时候都处于零电位。在过程控制系统中，需要进行保护性接地的设备有：仪表盘及底盘，各种机柜、操作站及辅助设备，配电盘，用电仪表的外壳，金属接线盒、电缆槽、穿线管、铠装电缆的铠装层等。工作接地可以抑制干扰，提高仪表的测量精度，保证仪表系统能可靠地工作。工作接地包括信号回路接地，由仪表本身结构所形成的接地和为抑制干扰而设置的接地。

接地系统由接地线、接地汇流排、公用连接板、接地体等构成(图 7-7)。在设计过程中，接地连接方式和接地体的选择是核心问题。接地连接方式的选择通常包括三部分，即保护性接地、工作接地和特殊要求接地。同一信号回路、同一屏蔽层、各仪表回路和系统只能用一个信号回路接地点，各接地点之间的直流信号回路需隔离。仪表类型不同，信号回路的接地位置也不同。如二次仪表的信号公共线、电缆屏蔽线在控制室接地；接地型一次仪表则在现场接地。

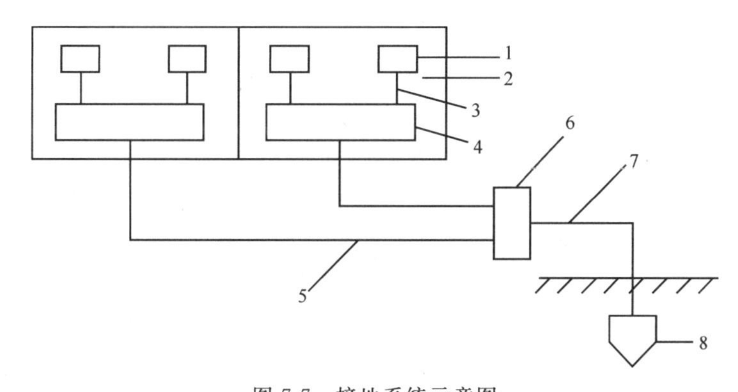

图 7-7　接地系统示意图

1. 仪表；2. 表盘；3. 接地支线；4. 接地汇流盘；5. 接地分干线；
6. 公用连接板；7. 接地总干线；8. 接地体

接地体是指埋入大地并与大地接触的金属导体。接地线是指用电仪表和电子设备的接地部分与接地连接的金属导体，一般使用多股铜芯绝缘电缆。接地电阻是指接地体对地电阻和接地线电阻的总和。接地电阻越小，接地性能越好，但受到技术和经济因素制约，因此需确定其合理的数值。保护性接地电阻一般为 4Ω，最大不超过 10Ω；工作接地电阻需根据设备制造厂要求和环境条件确定，一般为 1～4Ω。

四、典型工业过程控制系统实施过程

典型工业过程控制系统实施的整个过程包括：控制任务的提出，控制系统规划(包括初步方案提出、论证、确定)，控制系统设计(包括结构设计、自动化仪表选型、控制主机选型、组态软件的选择，线路设计、安装设计、供电与供气设计、报警及联锁设计、控制室设计、接地设计等），硬件系统的安装组建（包括主机安装、自动化仪表安装、配管配线、监控计算机的监控软件等），控制系统调试（包括控制计算机硬件及软件调试、监控计算机硬件及软件调试、自动化仪表调试等）。这些过程工作联系紧密，共同决定着控制系统的质量和性能。

目前，过程控制系统中各种类型的控制计算机、自动化仪表层出不穷，采用什么规范进行自控项目设计已成为设计人员的困惑。为适应新形势发展需要，2014 年 10 月，我国工业与信息化部发布了“HG/T 自控设计规定—2014”，基本上统一了不同控制系统类型的设计规范。

第二节 锅炉控制系统需求分析

需求分析是过程控制系统设计的基础。本节以火力发电厂中的锅炉控制系统为例，首先分析锅炉设备的工艺流程；然后以满足生产过程安全、经济为基本要求，将锅炉设备控制划分为多个子系统，具体分析各个控制子系统的需求和功能；最后分析控制对象的特性，为控制方案的设计奠定基础。

一、控制系统工艺流程分析

火力发电是我国电力能源的主要来源。大型火力发电机组由锅炉、汽轮发电机组等设备构成，锅炉生产过热蒸汽推动汽轮机运转，带动发电机发电。常见的火力发电厂锅炉主要包括炉膛、汽包、减温器和过热器等设备，通过这些设备对锅炉的燃烧过程、汽包水位和过热蒸汽温度等变量进行控制。锅炉控制系统的主要工艺流程如图 7-8 所示。

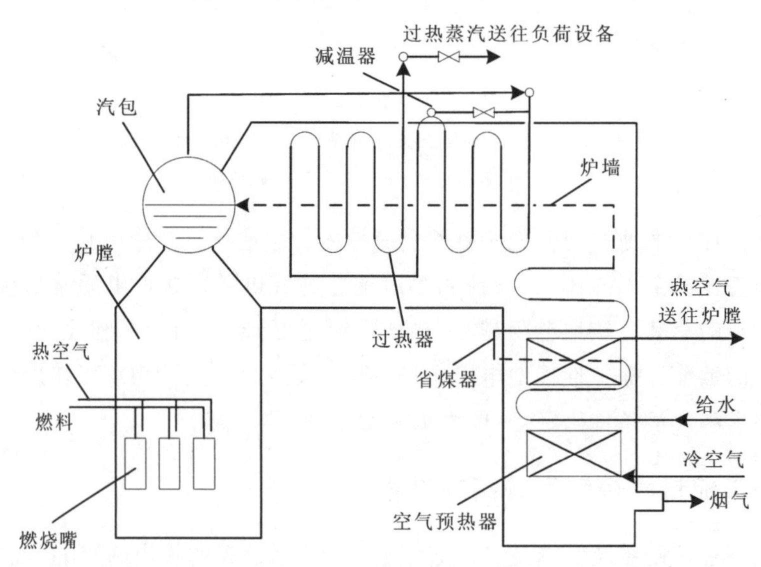

图 7-8 锅炉设备工艺流程图

在锅炉燃烧系统中，燃料与热空气按照一定比例送入炉膛燃烧，生成的热量经过蒸汽发生系统产生饱和蒸汽，经过过热器形成过热蒸汽，再汇集到蒸汽母管供给负荷设备使用。同时，燃烧过程中产生的烟气经省煤器预热锅炉给水和空气预热器预热空气，最后经引风机送往烟囱排空。由于烟气本身具有一定的余热，需要通过空气预热器为输入的冷空气加热，将加热后的空气循环送入燃烧系统，以达到节约能源的目的。

在锅炉汽包水位系统中，锅炉上水流向省煤器，燃料燃烧产生的高温烟气自上而下通过管间，与管内的锅炉上水换热，回收烟气中的余热并使锅炉上水进一步预热。被烟气加热成饱和水的锅炉上水全部进入汽包，再经过对流管束和下降管进入锅炉水冷壁，吸收炉膛辐射热在水冷壁里形成汽水混合物，然后返回汽包进行汽水分离。

在过热蒸汽温度系统中，出炉膛的过热蒸汽进入减温器壳程，与锅炉的走减温器管程的一路上水进行换热并对锅炉上水进行预热，最后将符合工艺要求的过热蒸汽输送给下一生产单元。

二、系统控制需求说明与安全分析

锅炉控制的目的是生产合格的蒸汽，使锅炉产汽量适应负荷需要，同时保证控制过程的经济性和安全性；锅炉控制的主要任务是保证锅炉安全、稳定、经济运行，以减轻操作员的劳动强度。锅炉系统中各个子系统的控制需求如下。

(1)锅炉燃烧控制系统需求：通过控制燃料和热空气的投入比例使其充分燃烧，以获得控制系统需要的热量。将一定比例的燃料和热空气送入炉膛燃烧，产生的热量将传递给汽包，通过热交换得到饱和蒸汽。同时，燃烧后剩余的烟气通过烟道，经引风机送往烟囱排入大气。

(2)锅炉汽水控制系统需求：系统的控制量为锅炉给水，锅炉给水经省煤器预热后进入汽包。通过控制锅炉给水与燃烧系统进行热交换得到需要的饱和蒸汽，然后经过多级过热器，形成具有一定温度和压力的过热蒸汽。过热蒸汽汇集至蒸汽母管，以推动单元机组工作。

(3)过热蒸汽温度控制系统需求：系统采用减温水流量作为操纵量，实现对过热蒸汽温度的调节，使得过热器出口温度维持在允许范围内，保证管壁温度不超过允许的工作温度。

保证生产过程的安全是生产的首要前提。当锅炉运行工况变化、设备故障、操作不当或突然提降负荷时，往往会造成运行参数超过规定的限制，甚至发生设备或人身事故，因此很有必要对控制系统的安全进行分析。

1. 以燃料气为燃料的燃烧控制系统

当被加热工艺介质流量过低或中断时，必须采取安全措施，如切断燃料气控制阀，停止燃烧，否则加热管会因温度过高而损坏，甚至使其破裂，造成严重的生产事故。当火焰熄灭时，会在燃烧室里形成危险性的燃料气、空气混合物。当燃料气压力过低即流量过小时，会产生回火现象，故要保证最小燃料气流量。当燃料气压力过高时，喷嘴会出现脱火现象，也会在燃烧室里形成大量的燃料气、空气混合物，造成爆炸事故危险。

2. 锅炉汽包水位控制系统

汽包水位是锅炉运行的重要指标，水位过高或过低都会给锅炉及蒸汽用户的安全操作带来不利影响。若汽包水位过高，会影响汽包内的水汽分离，饱和水蒸气带水进入过热器、主蒸汽管道等，导致管壁结垢或损坏，使热蒸汽出口温度严重下降。若汽包水位过低，则会因汽包内水量较少而负荷很大，加快水的汽化速度，使汽包内的水量变化速度很快，有可能使汽包内的水全部汽化，导致水冷壁烧坏甚至爆炸。

3. 过热蒸汽温度控制系统

过热器工作在高温高压条件下，过热器出口温度是全厂设备温度的最高点。如果过热蒸汽温度过高，容易烧坏过热器，还会引起负荷设备内部零件过热，影响生产过程的顺利进行；如果过热蒸汽温度过低，则会降低全厂热效率，引起负荷设备故障，如汽轮机叶片磨损。

三、控制对象特性分析

锅炉设备是一个复杂的被控对象，它的主要输入变量包括负荷的给水量、蒸汽需求量、燃料量、热空气、烟气等；主要输出变量包括汽包水位、蒸汽压力、过热蒸汽温度、炉膛负压、过剩空气(烟气含氧量)等，图 7-9 展示了锅炉各个设备的输入变量与输出变量之间的相互关联关系。

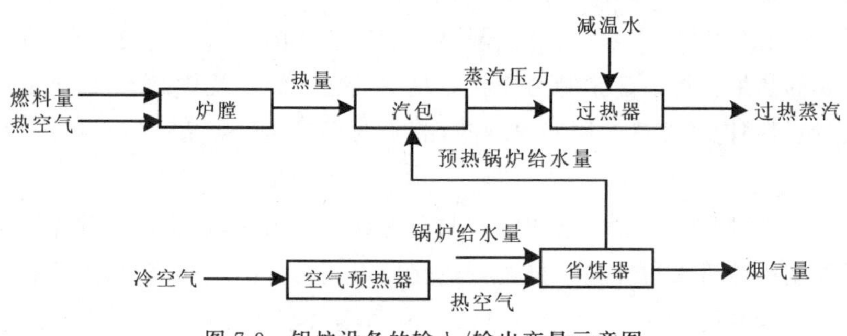

图 7-9　锅炉设备的输入/输出变量示意图

了解锅炉设备的输入/输出变量后，还需了解这些变量相互之间的特性。所谓被控对象特性，是指某些量对被控变量影响的通道特性。例如，当蒸汽负荷变化或给水量发生变化，会引起汽包水位、蒸汽压力和过热蒸汽温度等的变化；而燃料量的变化不仅影响蒸汽压力，还会影响汽包水位、过热蒸汽温度、过剩空气和炉膛负压。

(一)锅炉燃烧蒸汽压力的动态特性

锅炉燃烧过程控制系统的基本任务是使燃料产生的热量满足蒸汽负荷的需求，同时保证燃烧过程的经济性和安全性。蒸汽压力反映了锅炉生产的蒸汽量与负荷设备(如汽轮机)消耗的蒸汽量相适应的程度。当负荷变化时，通过调节燃料量使蒸汽压力稳定。蒸汽压力主要受到燃料量与负荷设备耗汽量的影响。如果燃料量增加，炉膛热随之增加，锅炉压力升高。在保持负荷设备进汽阀开度不变的条件下，蒸汽压力将随蒸汽的积累而升高。

(二)汽包水位的动态特性

汽包水位的最大特点是水中夹带着大量蒸汽气泡。在锅炉内水量不变的情况下,蒸汽气泡体积的变化会引起汽包水位的变化。蒸汽气泡的体积取决于汽包压力、汽包内水温和负荷需求。因此,影响汽包水位的主要有给水量、蒸汽用量等因素。

1. 给水量

当给水量 W 变化时,汽包水位的响应曲线如图 7-10 所示。汽包和给水系统可看作单容无自衡对象,则理论上水位响应过程如图 7-10 中曲线 H_1 。由于给水温度低于汽包内的饱和水温度,所以给水量变化会使汽包中气泡含量减少,从而导致水位下降。实际水位响应曲线如图 7-10 中曲线 H 表示,可见在给水量增加后,汽包水位经过一段时间延迟 τ 才呈现升高趋势。

2. 蒸汽用量

在燃料量维持不变的条件下,蒸汽用量 D 的增加使汽包水位降低。但是由于汽包的汽水混合特性,在蒸汽用量突然增加时,汽包压力会瞬时下降,使汽包内水的沸腾骤然加剧,水中气泡迅速增加,导致整个水位瞬间升高,形成虚假的水位上升现象,即所谓"虚假水位"现象。图 7-11 描述了蒸汽用量发生变化时的水位变化情况,其中 H 表示实际水位的变化曲线,H_1 表示未考虑水中气泡容积变化的水位变化曲线,H_2 表示考虑(蒸汽用量加大)水中气泡容积变化的水位变化曲线。

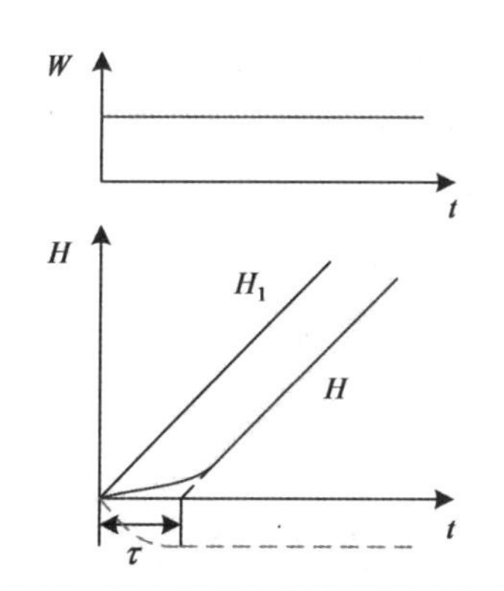

图 7-10　给水流量阶跃作用下水位变化响应曲线图

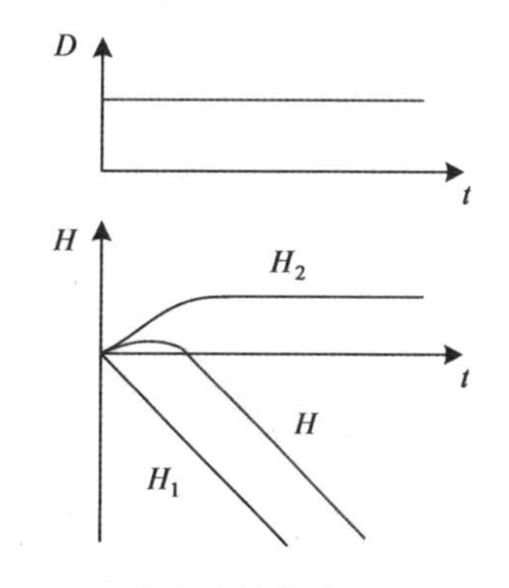

图 7-11　蒸汽流量扰动下的水位变化响应曲线图

(三)过热蒸汽温度的动态特性

影响过热蒸汽温度的因素较多,表 7-1 列出了过热蒸汽温度的主要影响因素。

表 7-1　过热蒸汽温度的主要影响因素

主要影响因素	温度变化(℃)
锅炉负荷±10%	±10
炉膛过量蒸汽系数±10%	±(10～20)
给水温度±10%	±(4～5)
燃煤水分±1%	±1.5
燃煤灰分±10%	±5

第三节　控制系统方案设计

控制系统方案设计是指在系统分析的基础上，按照系统思想和优化要求综合运用各有关学科的知识、技术和经验，通过总体研究和详细设计等环节，落实到具体工作或实际工程项目上，以设计出满足控制需求的方案。本节基于锅炉控制系统的需求分析，进行了工艺流程图设计、控制系统回路设计、系统开车顺序以及安全联锁设计。

一、工艺流程图设计

本小节以水汽热能系统为例，主要涉及燃烧、换热、相变等环节，兼顾气相反应。在保留对象动态特性难度的基础上，使工艺机理易于理解，以"锅炉综合控制系统"实验装置为例进行说明。工艺设计也突出了节能减排与安全等特点。系统工艺流程图见附录三。

此外，该实验装置以工业常见的加热炉、蒸发器、锅炉为原型设计，也是目前常见的被控单元。首先为防止锅炉给水中溶解有氧气和二氧化碳，对锅炉造成腐蚀，需要将经处理过的氧化水通入除氧器，进行热力除氧。然后软化水经由上水泵进入汽包。为达到预热锅炉上水的目的，将锅炉上水分为两路，其中一路进入减温器与过热蒸汽换热，然后与另外一路混合进入省煤器。正常工况下，大部分锅炉上水直接流向省煤器，少部分锅炉上水流向减温器，在省煤器中锅炉上水被烟气加热成要求温度的饱和水进入汽包，再经对流管进入锅炉水冷壁，吸收炉膛辐射热，在水冷壁里变成汽水混合物，随后返回汽包进行汽水分离。饱和蒸汽进入过热器进行汽相升温得到过热蒸汽，蒸汽进入减温器的壳程，进行温度的微调并为锅炉上水进行预热，最终以工艺所要求温度、压力的过热蒸汽输送给蒸发器。

二、控制系统回路设计

基础过程控制系统的控制方案设计遵循合理性、可行性原则，即所设计的控制方案一定是经过验证可以实施的。按照这些原则，本小节设计方案以工业上常见的控制方案为参照，以单回路控制、串级控制、比例控制等为基本控制方案，设计了以下控制回路。

1. 过热蒸汽出口流量前馈+汽包水位-锅炉上水流量串级控制系统

影响汽包水位的主要因素是锅炉给水流量和蒸汽负荷。对于蒸汽负荷扰动所引起的虚假水位，可以根据蒸汽流量的变化来控制给水阀、调节给水量，这里便构成前馈控制系统。当蒸汽负荷变化时，前馈控制器调节给水阀开度，补偿蒸汽流量变化对汽包水位的影响；其他干扰对于汽包水位的影响则由反馈控制来克服，前馈作用加上反馈作用能够使得汽包水位稳定在设定的数值上。汽包水位的前馈-反馈控制系统又被称为双冲量控制系统，汽包水位双冲量控制系统存在的不足是对给水系统干扰不能及时调整，因此可以将给水流量控制引入控制系统，形成三冲量控制系统。

本回路设计的输入量为汽包水位设定值，输出量为汽包水位的实际检测值。汽包水位是串级控制的外环被控量，存在干扰的汽包上水流量是串级控制的内环控制量，两者形成双闭环控制，并将影响水位的过热蒸汽出口流量作为前馈控制量，形成汽包水位的前馈-串级控制回路(图 7-12)。

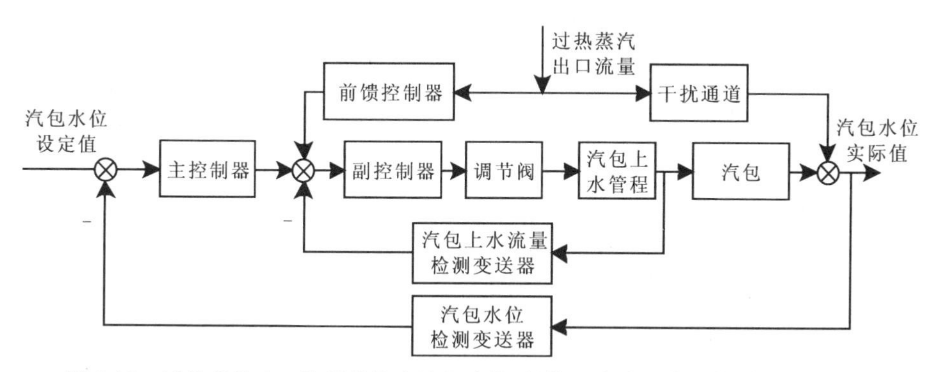

图 7-12　过热蒸汽出口流量前馈＋汽包水位-锅炉上水流量串级控制系统方框图

2. 过热蒸汽出口压力-燃料流量串级控制系统

过热蒸汽出口压力主要受燃料流量和过热蒸汽出口流量的影响，其中燃料流量对过热蒸汽出口压力的影响尤其显著。因此需要将燃料流量作为串级控制的副回路变量，且选择燃料流量作为操纵变量，以增强系统的抗干扰能力。当干扰作用于主环时，由于副回路的存在，能够比单回路控制系统更为及时地对干扰采取控制措施。

本回路设计输入量为过热蒸汽出口压力值，将燃料流量作为串级控制的内环被控量，过热蒸汽出口压力作为主被控量，在两个检测变送器的反馈下形成串级控制回路，控制系统如图 7-13 所示。

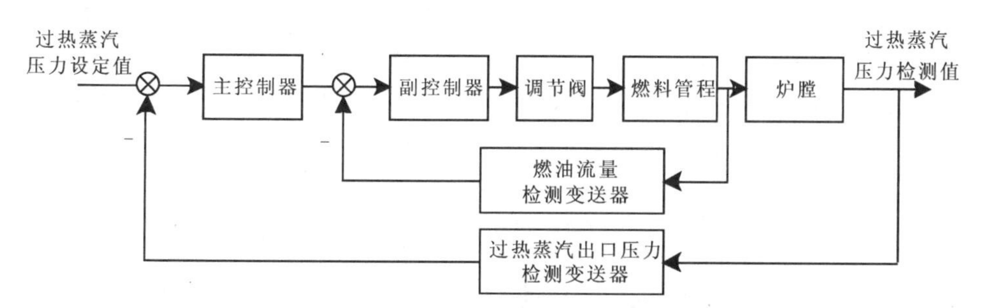

图 7-13　过热蒸汽出口压力-燃料流量串级控制系统方框图

3. 烟气含氧量前馈＋燃料流量-风量双闭环比值控制系统

锅炉燃烧的状态可以通过烟气含氧量来表征。在锅炉的燃烧过程中，通过控制燃料与空气的适当比例保证锅炉处于最佳燃烧状态，此时的烟气含氧量将在一个正常范围内波动。因此，通过烟气含氧量的大小可以判断锅炉的燃烧状态，进而调节风量，以保证风量与燃料更好地配比燃烧。若燃料的流量没有发生变化，但是成分发生了变化，则燃料燃烧时所需的空气量必然也应发生变化，否则燃料量和风量的比值控制系统此时起不到经济燃烧的控制作用。如仍按照燃料量的配比提供空气量，则燃烧状态的变化必然引起烟气含氧量的变化。此时可以将烟气含氧量作为一个前馈信号，与空气流量的控制系统形成前馈-反馈控制来更好地调节空气流量，满足燃料充分燃烧的需要。

图 7-14 回路为前馈-反馈的双闭环比值控制系统。首先回路的上半部分将烟气含氧量作为一个前馈信号，与空气流量的控制系统形成前馈-反馈控制系统，下半部分回路为蒸汽压力与燃料流量串级控制系统，同时燃料流量又与风量组成比值控制系统。系统输入量为过热蒸汽压力设定值，输出量为出口蒸汽压力实际检测值，燃料流量与风量成一定比值控制系统，这样设计能更好地调节空气流量，满足燃料充分燃烧的需要，保证系统燃料的高效性。控制系统如图 7-14 所示。

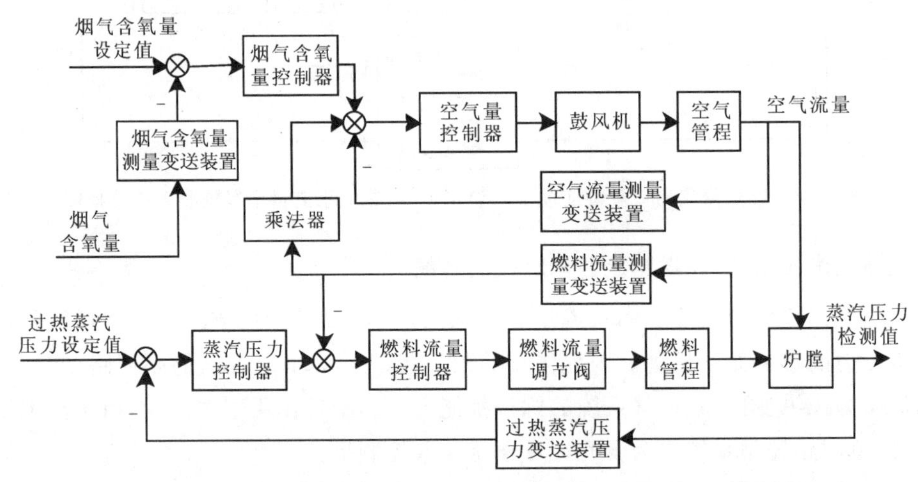

图 7-14 烟气含氧量前馈＋燃料流量-风量双闭环比值控制系统方框图

4. 过热蒸汽出口温度串级控制系统

过热蒸汽出口温度所受到的主要干扰量将影响减温器输出的蒸汽温度。考虑干扰对控制系统的影响，回路设计使用串级控制。此控制回路的输入为过热蒸汽出口温度设定值，将减温器作为串级副被控对象，且选择减温器后蒸汽温度作为副变量，实际测量值作为反馈值，通过控制器、减温水调节阀和检测变送器的共同作用，形成了如图 7-15 所示的过热蒸汽出口温度串级控制系统方框图。

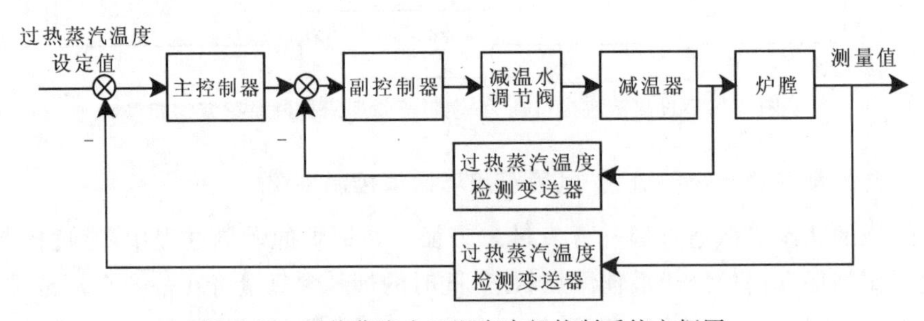

图 7-15 过热蒸汽出口温度串级控制系统方框图

5. 炉膛负压前馈＋风量反馈控制系统

风量值受炉膛负压变化的影响较大，故将炉膛负压作为前馈量，以更快地检测干扰量对控制量的影响并对其进行抑制。通过单回路来控制风量，炉膛负压作为前馈回路的干扰量，使其直接影响风量的测量值，以便系统及时对干扰做出反应。炉膛负压前馈-风量反馈控制系统如图 7-16 所示。

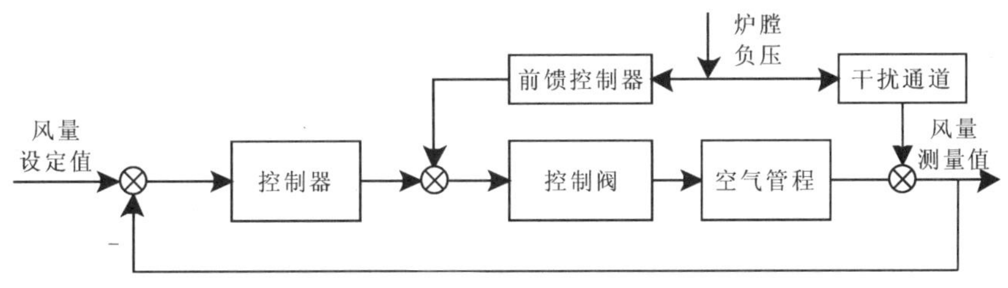

图 7-16　炉膛负压前馈+风量反馈控制系统方框图

三、系统开车顺序及安全联锁设计

系统的控制回路设计完成后，需要设计开车顺序，以保证系统能够按照既定的控制方案正常投入运行。开车顺序设计主要是设计系统生产过程中的开停车，而开停车设计需要考虑实际的控制需求以及系统的安全。安全联锁装置是用于保护系统安全的自动化装置，其通过机械或电气的机构使两个动作具有互相制约的关系。下面将介绍锅炉控制系统的开车顺序和安全联锁设计。

1. 系统开车顺序设计

过程控制系统开车主要包括初始化检测、系统初始进料过程设置以及系统初运行监测等内容；停车则是在保证系统安全运行的原则下，进行系统关机操作。锅炉控制系统的开车顺序如图 7-17 所示，具体的管道仪表流程图见附录三。

首先进行初始化检测，系统处于冷态开车前状态，确认所有阀门、泵处于关闭状态。为确保安全，初始化可手动执行两遍，在进行第二遍初始化的同时打开汽包顶的放空阀，将汽包水位降到大气压下，节省开车时间。然后启动燃油泵，打开燃油进料阀；同时启动风机，空气经变频鼓风机送入燃烧器；打开锅炉进气阀，燃油与空气按照一定的比例进入炉膛，同时关闭汽包顶部放空阀并打开省煤器出烟气阀，保证烟气的顺利排放。接着打开上水泵与上水阀门，打开锅炉上水管道上水调节阀，正常工况时大部分锅炉上水直接流向省煤器，进入减温器的锅炉上水走管程。当锅炉温度达到一定范围时，检测汽包液位，通过调节过热蒸汽出口阀门的开度供下游使用过热蒸汽。当需要关闭锅炉系统时，首先关闭燃油泵以停止燃油的输送；然后关闭上水泵停止上水，待炉膛内燃油燃烧完毕，关闭鼓风机；最后打开汽包放空阀，使汽包压力回到大气压，保证系统的安全。

2. 系统安全联锁设计

在锅炉控制实验中，如果出现燃料（燃气）流量骤降或空气量骤降的情况，将启动联锁停车信号。安全联锁系统设计如图 7-18 所示，图中粗实线表示物料进出管道，细实线表示系统检测信息通道，虚线表示控制信号输出。当通道正常生产时，系统用锅炉出口温度来调节燃料量的大小。

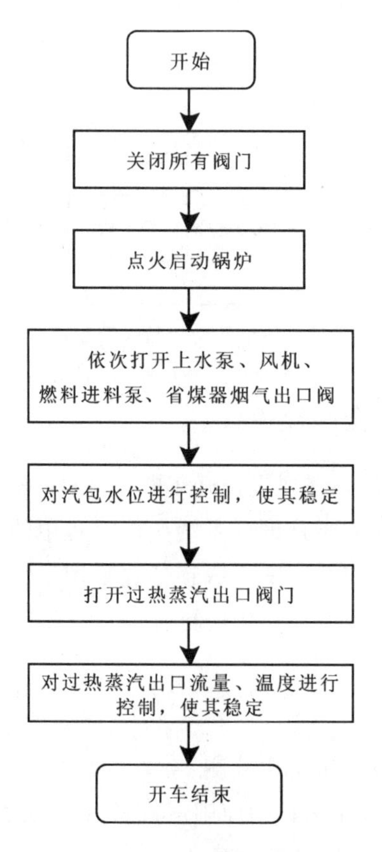

图 7-17 开车顺序流程图

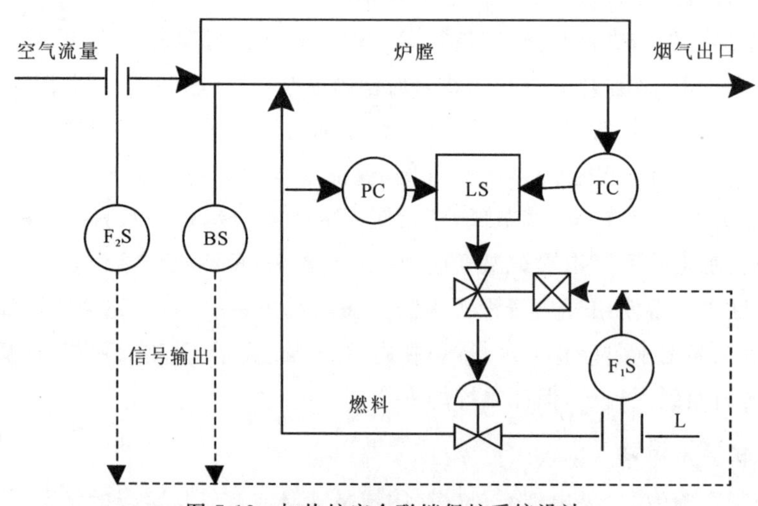

图 7-18 加热炉安全联锁保护系统设计

PC. 燃料压力调节器；F_1S. 燃料流量调节器；F_2S. 空气流量调节器；

BS. 火焰温度监测器开关；LS. 低值选择器；TC. 温度调节器

(1)当调节阀后的燃料气压力过高达到安全极限时,压力调节器PC将通过低值选择器LS取代温度调节器TC工作,关小调节阀防止脱火。一旦压力恢复正常,仍由温度调节器控制燃料气流量。

(2)当燃料流量过低时,F_1S联锁报警信号将使三通电磁阀线圈失电,调节器输出气压信号放空,切断燃料气供阀,防止回火事故。联锁动作后,只有经过人工检查危险已彻底消除才可人工复位,继续按程序投入运行,避免误动作造成再次爆炸事故。

(3)当空气流量过低或供应中断时,F_2S信号将切断空气流量调节阀,停止燃烧,或者因火焰熄灭、火焰监测器开关BS动作,同样也停止供燃料气。

以燃料油为燃料的加热炉中,主要危险除了上述燃料气的存在之外,还有当雾化蒸汽压力过低或中断时会使燃料油得不到良好的雾化,轻则发生燃料燃烧不完全冒烟,反应烟气含氧量低,严重时火焰会熄火或造成炉内局部燃料积累,形成"炸膛"条件,因此必须加上联锁信号进行联锁保护。

第四节　控制系统仿真设计

完成控制系统的需求分析与方案设计之后,下面对锅炉控制系统进行仿真实现。仿真所用到的软件环境为西门子新一代的DCS产品PCS7。自1975年Honeywell公司推出世界第一套DCS产品后,DCS系统经过不断发展,现DCS已具有高度统一的集中管理、分散控制和通信三大部分。DCS因具有可靠性高,适应性和拓展性强,控制功能完善,人机交互手段丰富等特点,已成为大型过程控制系统的首选实施方案。

西门子PCS7是一个过程控制系统平台,它能为仿真过程提供完全无缝集成的自动化解决方案。PCS7产品结合了先进的电子制造技术、网络通信技术、图形及图像处理技术、现场总线技术、计算机技术和先进自动化控制理论。自1997年西门子公司推出这款产品之后,20多年里PCS7一路迭代更新,从最初的V3.0升级到现在的V9.0,始终紧贴技术发展和市场需求,目前在中国市场已拥有超过5000套的应用。

仿真用到的实验对象为SMPT-1000,它是一种高级多功能过程控制实训系统。本节基于PCS7系统对锅炉控制进行仿真实现。首先介绍SMPT-1000对象的组成结构和PCS7的体系结构,然后介绍SMPT-1000对象的过程控制通道,最后设计系统的控制回路算法与仿真流程。

一、SMPT-1000仿真对象

本小节选取高级多功能过程控制实训系统(SMPT-1000)中的锅炉单元作为被控对象。SMPT-1000由硬件、软件两大部分构成,软件、硬件之间通过小型实时数据库和实时数字通信机制协调运行,完成过程模拟。SMPT-1000对象及其所支持接口类型如图7-19所示,其单回路和复杂回路的控制使用PCS7软件进行,在锅炉仿真控制系统结构中,最底层单元即为所要控制的对象。

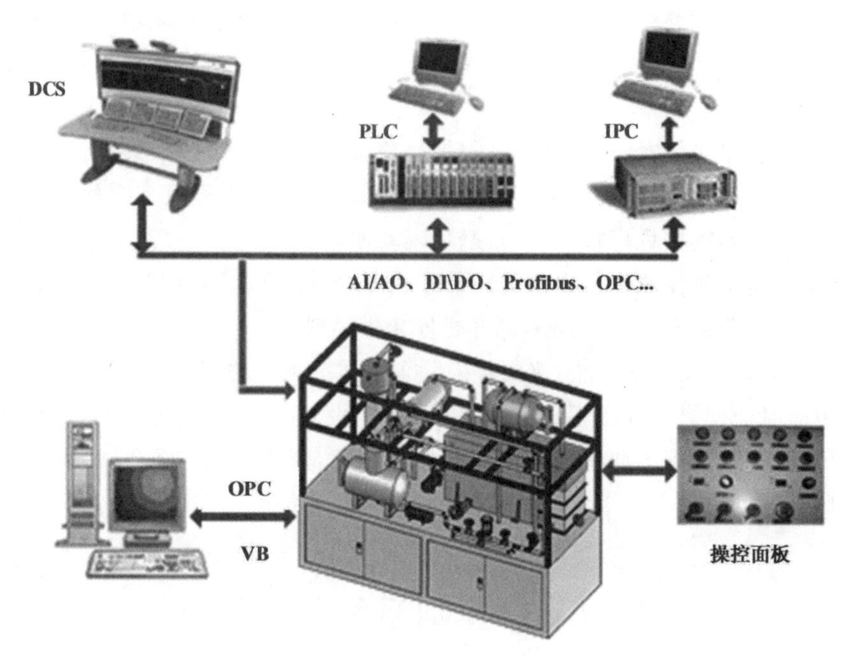

图 7-19 SMPT-1000 及其系统连接示意图

高级多功能过程控制实训系统 SMPT-1000 由立体流程设备盘台、高精度工业仿真引擎、I/O 接口与辅助操作台组成。接下来对 SMPT-1000 仿真被控对象进行一个基本的介绍。

1. 立体流程设备盘台

在钢制的盘台上安装着由不锈钢制的比例缩小的锅炉系统设备模型。主设备包括卧式除氧器、列管式换热器、盘管式省煤器、汽包、加热炉本体、蒸发器。执行机构包括 11 个特性可变的调节阀、5 个开关阀、2 个离心泵、1 个风机。其中，调节阀主要用于控制除氧器入口流量、除氧蒸汽流量、汽包上水流量等环节变量；开关阀控制除氧蒸汽开关、汽包上水管线截断、汽包放空开关等环节；离心泵控制锅炉上水以及燃料供给；风机控制锅炉空气开关。检测部分包括 10 个流量变送器、3 个液位显示仪表、5 个压力变送器、3 个温度变送器、1 个组分测量仪表和若干管路系统。

2. 高精度工业仿真引擎

SMPT-1000 仿真被控对象运用工业级高精度定量动态数学模型，模拟全工况下的真实工艺流程。具体包括以下生产单元和流程的动态仿真模型：非线性离心泵液位单元、热力除氧单元、高阶列管式换热单元、蒸发器单元、再沸器单元、加热炉单元、工业锅炉单元、水汽热能全流程系统。

3. 方便的接口类型

SMPT-1000 的 I/O 模块均采用工业级模块，支持接口类型如图7-19所示，其能够以 4～20mA 模拟量信号(AI/AO)和数字量信号(DI/DO)与工业控制器通信，且每一路信号的输入和输出可由用户自定义。另外，SMPT-1000 还能通过 Profibus 现场总线、OPC 接口等方式实现与控制系统的数据交互。

4. 辅助操作台

辅助操作台可模拟生产现场的操作，包括 4 路报警灯、1 路报警确认开关、3 路电机启动开关、1 路点火开关、1 路调速旋钮、1 路烟道挡板旋钮、3 路联锁保护切换开关、1 路紧急停车按钮、1 路蒸汽指示灯。

基于以上所介绍 SMPT-1000 仿真被控对象，再结合 HMI 操作员站、自动化站与工程师站的搭建，即可构成一套小型完整的 DCS 系统。

二、控制系统体系结构

锅炉控制 DCS 系统体系结构一般可以分为 3 个层次，即过程控制级、现场控制级和现场设备。基于 PCS7 的控制系统结构包括 3 个部分，即 HMI 操作员站、DCS/PLC 控制站以及 SMPT-1000 仿真被控对象。HMI 是指人与计算机进行交互的操作方式，PCS7 的人机交互主要体现在过程画面上。过程画面表示的是通过过程设备查看相关的报表、视图以及曲线等信息。使用过程画面可实现操作员对整个工厂或工厂单元的可视化管理，从而实现监控过程。PCS7 的控制系统结构之间通过工业以太网进行通信连接，锅炉仿真控制系统 SMPT-1000 的体系结构如图 7-20 所示。

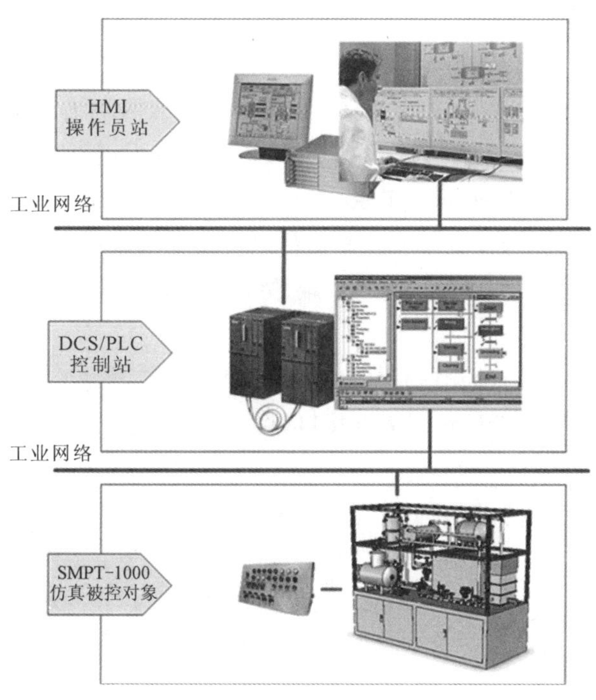

图 7-20　锅炉控制系统体系结构图

(一)控制系统体系结构层次

控制系统体系结构层次主要包括过程控制级、现场控制级和现场设备，下面对这 3 个结构层次进行具体的介绍。

1. 过程控制级(操作管理装置)

它是整个控制系统的中心,包括操作员站、工程师站以及计算机网关。过程控制级通常被称为“上位机”,在此处运行 PCS7 系统软件和应用软件。通过设置,既可以实现工程师站组态以及控制程序编写的功能,又可以完成操作员站采集数据以及监控系统的任务,两站合一。

2. 现场控制级

现场控制级控制器选用 SIMATIC S7-400 系列 PLC。SIMATICS7-400PLC 拥有极高的处理速度、强大的通信性能和卓越的 CPU 资源裕量,其组成主要包括电源、高性能 CPU。分布式 I/O 选用 ET200M。ET200M 分布式 I/O 为具有 IP20 防护等级的模块化从站(等待被读取和写入的从站),其主要由接口模块与多个 I/O 模块组成。S7-400 系列 PLC 的功能逐步升级,各种种类齐全的功能模板被相继开发,使用户能够构成最佳的解决方案来满足自动化的任务要求。当控制任务变得更加复杂时,控制系统可以逐步升级,而不必过多地添加额外的模块。

3. 现场设备

它主要包括控制对象即锅炉,以及安装的各种检测变送器与执行器。

(二)控制系统通信

过程控制级与现场控制级之间通过工业以太网 Profibus 进行通信。Profibus 是一个复杂的通信协议,可使分散式数字化控制器从现场层到车间级网络化。PCS7 中,自动化站、操作员站和工程师站组件相互之间通过总线系统(或工业以太网)进行通信。在 PCS7 工程中,此总线被分为终端总线(Terminal Bus, T-bus)和工厂总线(Plant Bus, P-bus)两部分。

操作员站和工程师站、操作员站和操作员站之间的通信通过终端总线 T-bus 进行。使用通信卡可将操作员站和工程师站连接到终端总线 T-bus。通信卡使用 PC 的某个插槽,可根据要求使用不同的通信卡。

操作员站和自动化站、自动化站和自动化站之间的通信通过工厂总线 P-bus 进行。使用 CP 443-1 通信处理器或 CPU 的以太网接口,将自动化站连接到工厂总线 P-bus。使用的协议主要有 TCP/IP、ISO。

西门子 SIMATIC S7-400 系列 PLC 配有 Profibus-DP 接口,Profibus-DP 是符合国际标准并基于 DP(分布式外设)协议的开放式总线系统,DP 是用于在 CPU 和分布式 I/O 系统之间进行循环数据交换的高速协议。Profibus-DP 或由基于屏蔽双绞线电缆的电气网络实现,或由基于光纤的光学网络实现。将 ET200M 作为从站连接到 Profibus-DP 总线上,可实现 CPU 与接口模块的通信。

三、控制系统现场控制级及过程控制通道

由于 CPU 和接口模块能够通过总线通信,因此可以将 CPU 放在远离工业现场的控制室里,将接口模块和 I/O 模块组成的分布式 I/O 安装在工业现场。分布式 I/O 模块与主控

器之间通过单根线缆实现信息交换，完成现场控制任务。

现场层一般包括被控对象、各种检测变送器、执行器以及I/O模块。检测变送器测得被控对象的相关信息通过I/O模块传送给控制器，控制器根据反馈的相关信息计算出控制量，将控制量通过I/O模块传送给执行器，从而实现对被控对象的控制。

（一）I/O模块的分类

西门子系列PLC的I/O模块主要分为4类，分别为数字量输入模块、数字量输出模块、模拟量输入模块以及模拟量输出模块。在本节锅炉控制系统中，数字量输入与输出模块主要用来对系统中的阀门状态进行控制与检测，模拟量输入模块用来对系统中的连续型变量进行检测，模拟量输出模块主要用来输出控制系统中执行机构的信号。接下来对各个模块的原理以及功能进行介绍。

1. 数字量输入(DI)通道

它的任务是把数字量信号经过输入接口送给PLC。它可以检测到过程的多种状态，如开关的通断情况、触点的闭合情况、设备的安全状态等。

2. 数字量输出(DO)通道

它的任务是把计算机输出的数字信号传送给执行机构或器件，用来实现如电动机的启停、电磁阀的开闭等控制功能。

3. 模拟量输入(AI)通道

它是实现数据采集的关键，其任务是把工业生产现场的检测变送器送来的时间连续模拟信号（如温度、压力、流量、液位等）转换成计算机能接受的数字量信号，完成现场信号的采集与转换功能。模拟量输入通道的核心是模拟量/数字量（Analog/Digital）转换器，简称模数转换器（A/D转换器）。

4. 模拟量输出(AO)通道

被采样的过程参数经运算处理后输出控制量，但计算机输出的是数字信号，必须转换成模拟的电压或电流信号，才能驱动相应的模拟执行机构。同时，计算机输出的控制量仅在程序执行的瞬时有效，无法被利用，模拟量输出通道就是负责把瞬时输出的数字信号保存，并转换成能推动执行机构动作的模拟信号，以便可靠地完成对过程的控制作用。模拟量输出通道的核心是数字量/模拟量（Digital/Analog）转换器，简称数模转换器（D/A转换器）。

（二）I/O模块与现场设备的连接

1. 模拟量输入(AI)设备的端子接线

SMPT1000基本的AI设备有3类，即变送器信号输入设备、热电偶输入设备、热电阻输入设备。实际使用时可以利用变送器将其微小电信号转换成4～20mA标准电信号再输送给AI模块。变送器信号传输方式有以下两种：①电源装置和输出信号分别由两根导线传输，为四线制传输方式[图7-21(a)]。这种引线方式可完全消除引线的电阻影响，主要用于高精度的检测。②若电源线与信号线共用两根导线，为二线制传输方式[图7-21(b)]。这种接线方式可节省大量电缆线和安装费用，且可应用于一般的压力、流量等模拟量的检测。图7-21中接收仪表用来接收由变送器处理过的标准模拟量输出，其中 R_i 为仪表保护电阻。

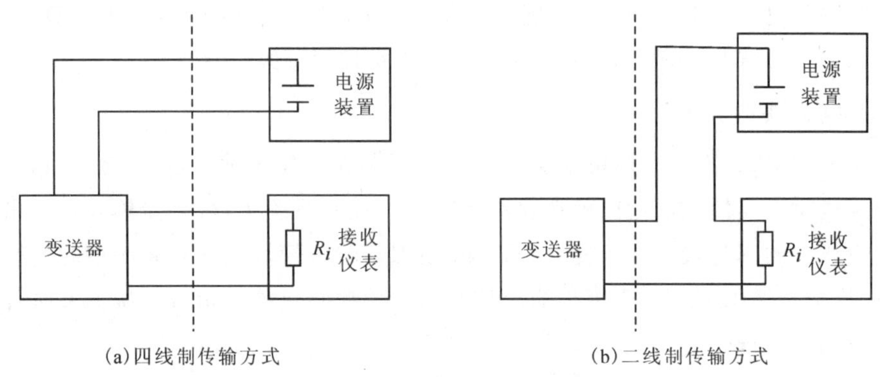

图 7-21　变送器信号传输方式

2. 模拟量输出(AO)设备的端子接线

如燃气锅炉设备的生产现场为易燃易爆场合，在AO通道上串接入输出安全栅，将限制进入危险场所设备电能量，保证安全，模拟量输出设备端子与现场设备的接线方式如图7-22所示，图中 I 为现场设备的控制信号与检测信号。

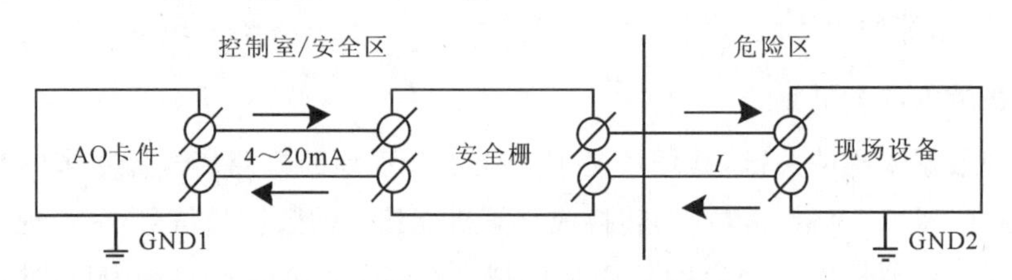

图 7-22　模拟量输出设备端子接线图

3. 数字量输入(DI)设备的端子接线

数字量输入设备的端子接线如图7-23(a)所示，每路干结点信号采用两根导线接到DI的一对正、负端子上，这样每一路信号的接线清晰，查线维护方便，但要用较多的电缆。

4. 数字量输出(DO)设备的端子接线

数字量输出设备的端子接线如图7-23(b)所示，数字量输出信号是弱电信号，要控制现场设备的开/关与启/停，一般是通过中间继电器来驱动现场设备。

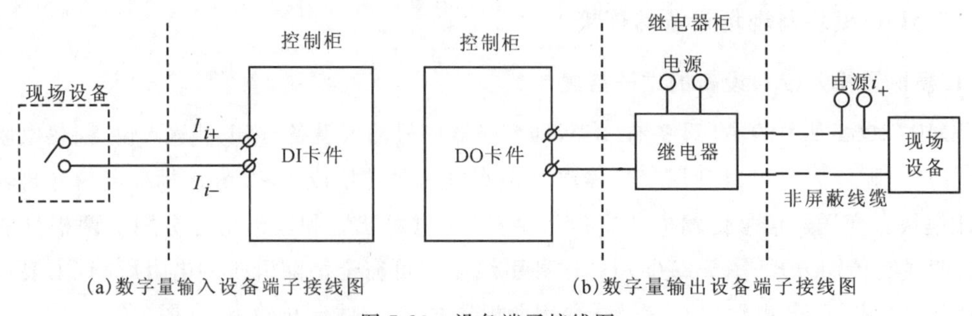

图 7-23　设备端子接线图

通常，现场设备在与DCS的I/O卡件相连接时，都将现场信号汇总到端子排，再由端子排引线与I/O卡件相连接。端子排安装在端子柜中，继电器、安全栅等都汇集在端子柜中。

(三)I/O模块与PCS7的连接

部分PLC模拟量输入模块的输入类型用量程卡设置，西门子S7-300量程卡如图7-24所示。量程卡安装在模拟量输入模块的侧面，其中每两个通道为一组，共用一个量程卡。量程卡允许的设置模式为“A”“B”“C”和“D”，分别适用于不同的测量类型和范围。在量程卡插入模块之后，若量程卡上对应的字母标记与模块上的箭头标记一致，则量程卡设置正确。

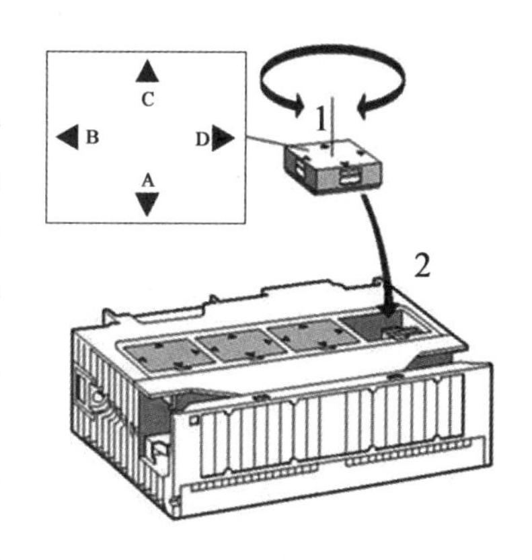

图7-24　西门子S7-300量程卡

量程卡的A位置对应于毫伏电压输入，B位置对应于伏电压输入，C位置对应于四线制变送器输入电流(4DMU)，D位置对应于二线制变送器电流输入(2DMU)。通过对模块的组态，选择测量类型和测量范围。各位置对应的测量方法和测量范围都印在模拟量模块上，可根据实际需要调节量程卡。

SMPT-1000仿真被控对象的左侧有外部接线端子排，端子排从左到右依次标记为X1～X7，每个端子有16个通道，每两个通道是一路控制信号，具体的端子号与对应的数字量信号见附录五，SMPT-1000端子排均是无源的。SMPT-1000通过端子排与PCS7通信时，需确保端子排左侧两个内外控开关已经拨到外控档位。通过流程盘台左侧的端子排将标准的模拟量信号输出到外部构建的控制系统(如外部PLC、DCS)，设备自带PM125模块作为系统Profibus-DP从站的通信模块；外部控制器的计算结果同样通过端子排返回到盘台上某一调节阀，并控制其开度，形成闭环调节回路。系统架构如图7-25所示，通信设备包括操作员站、工程师站以及自动化站，ET200M为分布式I/O远程模块，同样也作为系统从站通信模块。

系统模拟量数据处理流程如图7-26所示。首先经过传感器与变送器处理，现场对象的检测量能够转换为标准模拟量信号；然后PLC模拟量模块进行A/D转换得到的数字量在PLC中进行运算；最终运算的输出结果能对现场对象的执行机构进行控制，以此对变量进行实时调节。图7-26中的检测量与控制器参数可在HMI操作员站中进行实时监测与调节。

在工具栏中点击I/O通道配置画面切换按钮I/O，在I/O通道的配置对话框中，可以选择在当前实验中要使用的执行机构和变送器所对应的模拟量输入/输出通道。如图7-27所示，左侧表格中定义SMPT-1000模拟量输入信号，对应于调节阀等执行机构；右侧表格中定义SMPT-1000模拟量输出信号，对应于测量变送显示仪表。I/O通道默认配置部分的端子号与对应的数字量信号见附录五。

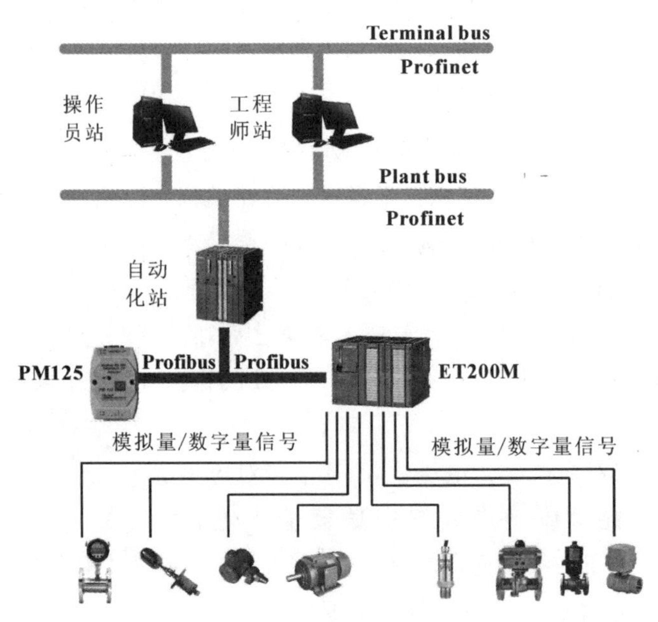

图 7-25 控制系统架构图

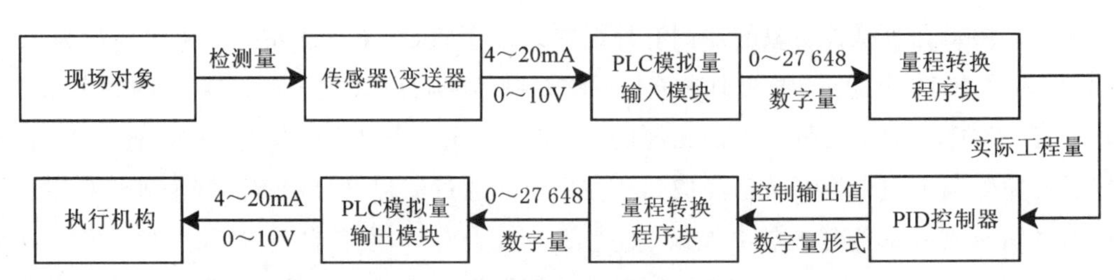

图 7-26 控制系统数据流图

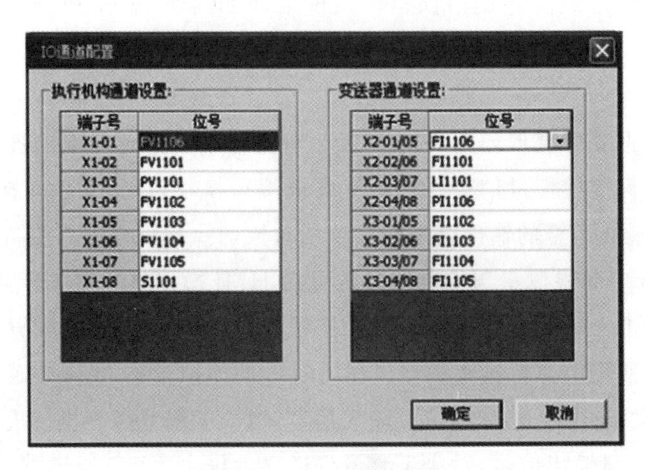

图 7-27 I/O 通道配置

四、控制系统仿真流程设计

PCS7 系统由大量的西门子硬件组件组成，包括自动化仪表、执行器、模拟量和数字量信号模块、自动化站控制器、通信处理器、工程师站和操作员站等。本小节基于 PCS7 V8.0 SP2 版本下的过程控制系统平台，针对发电厂锅炉对象装置进行仿真设计，主要包括项目创建、硬件组态、连续功能控制、顺序功能控制以及监控功能。通过这一套完整的仿真步骤展示控制系统、监控系统的设计过程。

1. 创建项目

在打开 SIMATIC 管理器的同时，新建工程向导也将被打开，在新建向导的帮助下，建立一个新的 PCS7 工程。PCS7 为西门子面向过程控制的 DCS 系统，高度集成 Step7 和 WinCC 为满足 DCS 行业的需求集成了其他相关软件及硬件。与单独的 Step7 和 WinCC 通用组态型软件相比，PCS7 是专为 DCS 系统的需求量身定做的，PCS7 系统提供 3 种视图进行不同维度的工程开发，为项目设计带来极大的便利，同时也让工程开发更为标准化和规范化。完成创建项目后，即可在工程师站进行 DCS 的组态工作。

2. 自动化站硬件组态

下面进行自动化站硬件组态，包括主站、从站以及 Profibus-DP 总线，按照步骤进行每一步的属性，功能的设置，根据实际硬件型号和订货号来进行配置组态。为了连续功能图(Continuous Function Chart, CFC)程序编写，需要为使用的各个输入/输出通道分配符号地址。硬件组态完成后如图 7-28 所示。图中导轨 1 和导轨 2 中“PS 407 10A”为 PLC 的电源模块，导轨 3 和导轨 4 中“CPU 412-5 H PN/DP”为 PLC 的 CPU 模块。CPU 为 DP 主站，PM125 与 IM153-2 为 DP 从站，主站与从站之间使用 Profibus-DP 线连接。完成自动化站硬件组态后，即完成了 DCS 系统三站一线（工程师站、操作员站、现场控制站、系统网络）中的现场控制站的组态。

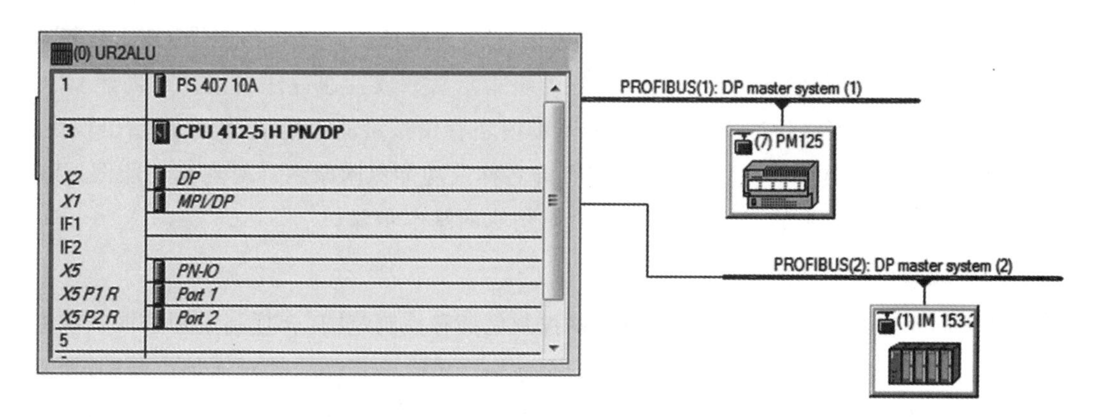

图 7-28　自动化站组态图

3. 操作员站组态

操作员站组态和自动化站组态一样，就是要在工程师站中组态真实的操作员站，并且双方通信成功。真实的操作员站，就是未来要当操作员站的那台PC，它的所谓硬件，就是它的站组态编辑器(Station Configuration Editor，SCE)中的内容。因此，操作员站组态时，必须要按照SCE的硬件配置进行组态，和SCE保持一致。DCS系统中的操作员站组态完成后，系统将具有处理一切与运行操作有关的人机界面的能力。

4. 网络组态

组态完自动化站、操作员站，需要考虑自动化站和操作员站之间的通信，即建立自动化站和操作员站的连接。在SIMATIC管理器工具栏中单击“Netpro”打开Netpro视图对话框，选择PC站的“WinCC Application”对象，右键单击菜单命令“插入”(Insert)→“新连接”(New Connection)。将打开“插入新连接”(Insert New Connection)对话框。在树形视图中选择项目的CPU，此CPU是操作员站的通信伙伴，它会接收该自动化站的数据。完成网络组态后，即完成了DCS系统中的系统网络组态。DCS系统是由各种不同功能的站组成的，系统网络是连接系统各个站之间的桥梁，能保证这些站之间实现有效的数据传输。

5. 下载操作员站、自动化站和网络组态

完成自动化站组态、操作员站组态以及网络组态后，接下来将它们下载到CPU中。首先下载操作员站，下载时注意组态内容和目标PC的站组态编辑器SCE配置保持一致；其次下载自动化站；最后下载网络连接，在操作员站、自动化站下载时不包含任何网络信息，所以必须进行网络连接的下载。下载完成后，CPU中即成功获取系统自动化站、操作员站与网络连接信息，并可开始进行下一步控制回路算法的实现。

五、控制系统回路算法实现

完成操作员站、自动化站和系统网络的组态后，即可开始进行控制系统回路算法的设计，使用连续功能图CFC来实现锅炉控制对象的控制回路算法。连续功能图CFC是基于图形用户界面的编辑器，它通过给预先编辑好的块指定参数或者通过建立连接来创建CPU程序结构，在CFC程序设计过程中所用到的基本模块有模拟量输入模块、模拟量输出模块、PID控制器模块以及监控模块，各模块常用管脚名称及功能见附录六。对连续功能图CFC的基础程序设计有了一定的了解之后，下面介绍仿真的基本步骤。

1. 确定控制和监测的变量

结合前面章节的对象特性分析，可以明确控制任务和控制范围，合理制定和选取被控变量、操作变量及控制设备，使被控对象平稳、安全地生产出合格产品。针对锅炉控制，其所需要控制和监测的变量如表7-2所示。表中的每个变量都会占用PLC的一个模拟量通道，因此可以在自动化站组态界面中对每个变量进行地址分配，以便在程序设计的过程中对变量地址进行查找和配置。

表 7-2　需要控制和监测的变量

参数类型	控制变量名称	参数类型	监测变量名称
流量	汽包上水流量	流量	去减温器的汽包上水流量
	燃料流量		省煤气出口烟气流量
	风量	温度	炉膛温度
	过热蒸汽出口流量		进入炉膛的饱和蒸汽温度
液位	汽包水位		去减温器的过热蒸汽温度
温度	过热蒸汽出口温度		省煤气出口烟气温度
压力	炉膛压力	压力	燃油压力
	过热蒸汽出口压力		汽包压力
组分	烟气含氧量		省煤气出口烟气压力

2. 确定控制方案

确定控制方案时，要注意 3 个层次的要求，即安全要求、生产要求和优化要求。首先，要保证生产的稳定性和安全性。其次，在确保工艺流程能够安全稳定长周期生产的前提下，可以考虑对控制器参数、生产指标等进行优化，以获取更高的生产效益。

根据前面章节的内容，在 I/O 点统计过后的基础上，在 PCS7 中按顺序完成控制工程组态：硬件组态、自动化站组态、操作员站组态、网络连接组态、硬件组态与网络连接组态下载，然后就可以利用 CFC 程序来实现设计的控制回路算法。

此处以过热蒸汽出口流量单回路控制系统为例进行 CFC 组态展示(图 7-29)。图中模拟量输入模块为 PCS7AnIn 模块，它的功能是将输入的十六进制信号转化为十进制信号。模拟量输入模块中的信号输入管脚关联所设置出口流量通道地址，再将出口流量检测值输入给 PID 控制器模块。PID 控制器模块能够根据实际测量值与设定值的偏差得到控制输出值，并将输出值输出给 PCS7AnOut 模拟量输出模块。模拟量输出模块将输入的十进制信号转化为十六进制信号，其中的信号输出管脚关联执行机构地址从而形成单回路控制结构。

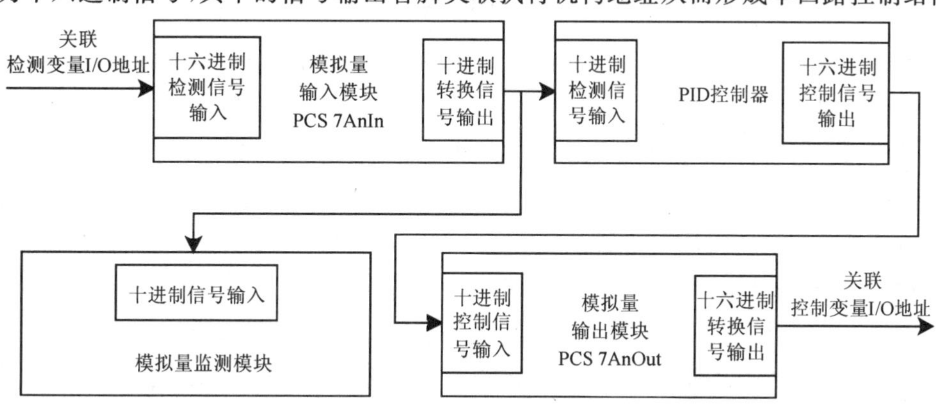

图 7-29　过热蒸汽出口流量单回路控制系统

3. 编辑过程画面

系统工程画面需要在操作员站中进行编辑设计，过程画面能够更加直观地反映系统的运行情况，便于操作人员检查报警信息，对系统的控制参数进行设置，达到方便地掌握系统全局的目的。

（1）选中并打开待编辑的过程画面，创建过程画面视图框架。

（2）利用全局库（Global Library）中的图形元件创建画面部件。

（3）保存过程画面，运行过程模式，过程画面中数值显示模块为生成过程画面时CFC中所设置的PID控制器模块与监控模块。编辑完成的锅炉系统组态画面如图7-30所示，图中阀门、锅炉、省煤器等对象可从Siemens HMI Symbol Library中直接选取拖入界面。通过此监控画面可实时监测系统的运行情况以及报警信息，并根据实际运行情况来调节控制器参数。

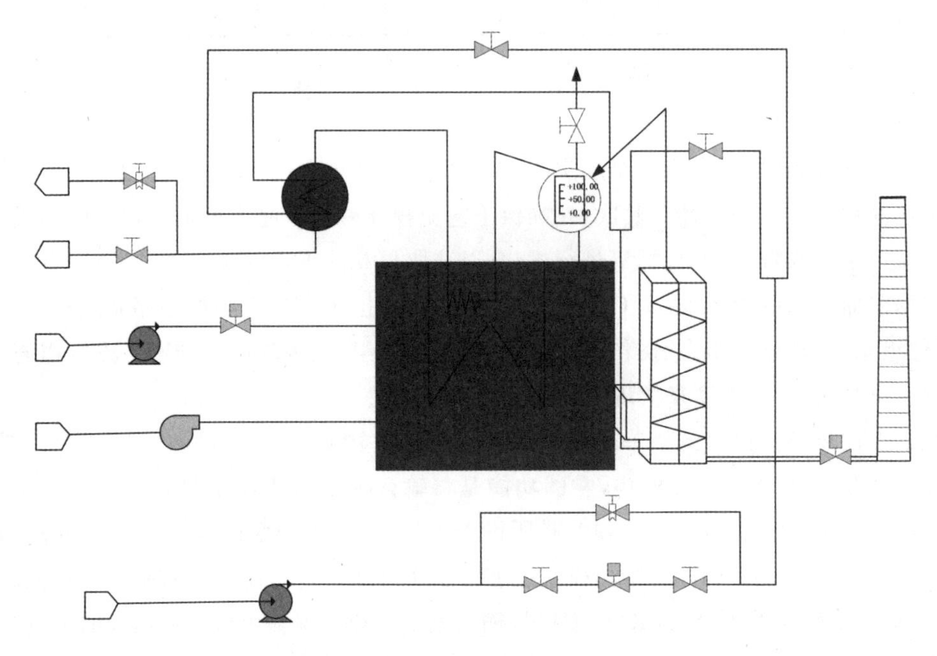

图7-30 锅炉系统组态画面示意图

锅炉系统监控界面组态完毕后，进入锅炉运行过程模式，调用所要检测量的运行曲线趋势图并进行记录，运行结果如图7-31所示。图中所展示曲线图分别对应过热蒸汽出口流量单回路控制、过热蒸汽出口温度串级控制、燃料与空气入口比值控制以及汽包水位分程控制，曲线图的横坐标表示时间，纵坐标表示所检测以及控制变量的大小。通过系统运行趋势图可以直观地观察到所需检测变量的运行变化情况，并可以根据曲线变化来判断控制器参数的准确性，以便对参数进行更加精确的调节。

纸上得来终觉浅，对过程控制系统的设计和仿真软件有了系统的了解之后，可以尝试自行设计一些简单的控制回路，并利用仿真软件实现所设计的方案，理论结合实际，学以致用。

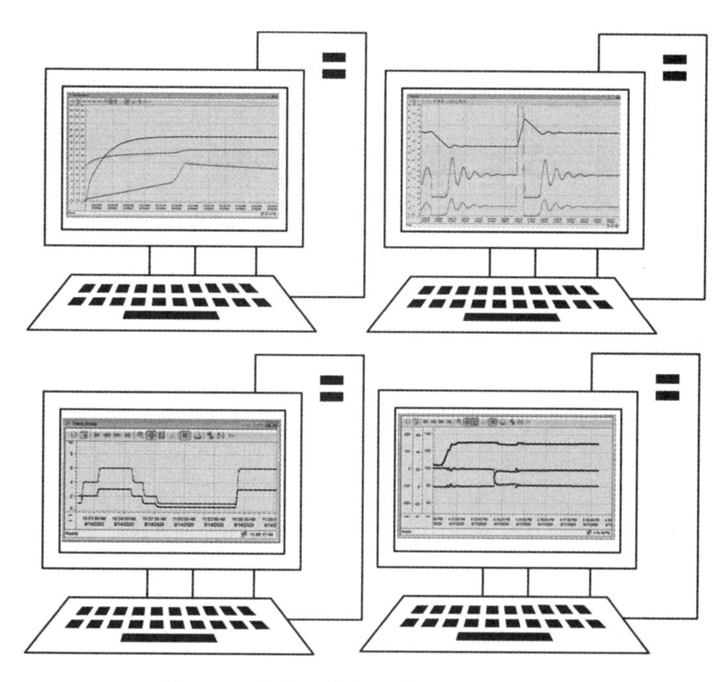

图 7-31　锅炉运行控制输出曲线监视图

习　题

(1)过程控制系统工程设计的主要内容有哪些?

(2)仪表及控制系统存在哪些干扰?克服这些干扰的主要措施是什么?

(3)如何绘制管道工业流程图?基本步骤有哪些?

(4)当锅炉实验中的汽包水位处在非正常值时,会带来哪些危害?

(5)对锅炉水位的控制有哪些方案?分析其优缺点。

(6)锅炉水位中“虚假水位”现象指什么?什么情况下产生?有什么危害?

(7)熟悉本章过程控制系统实例设计的相关步骤,并尝试设计第五章中的炼焦过程控制系统。可按照需求分析、方案设计、仿真实现等步骤完成设计报告。

(8)结合第六章企业信息化系统的相关内容,尝试设计钢铁冶金铁前过程控制系统,并完成设计报告。

主要参考文献

安剑奇，吴敏，何勇，等. 基于分层递阶融合算法的高炉料面煤气流分布软测量方法[J]. 自动化学报，2011，37(4)：496-502.

柴天佑，丁进良. 流程工业智能优化制造[J]. 中国工程科学，2018，20(4)：51-58.

柴天佑. 工业过程控制系统研究现状与发展方向[J]. 中国科学：信息科学，2016，46(8)：1003-1015.

柴天佑. 工业人工智能发展方向[J]. 自动化学报，2020，46(10)：2005-2012.

陈忠平，熊琦. 电气控制与PLC原理及应用[M]. 北京：中国电力出版社，2013.

范俊君，田丰，杜一，等. 智能时代人机交互的一些思考[J]. 中国科学：信息科学，2018，48(4)：361-375.

方康玲，王新民，潘炼，等. 过程控制与集散系统[M]. 北京：电子工业出版社，2009.

郭一楠，常俊林，赵峻，等. 过程控制系统[M]. 北京：机械工业出版社，2013.

何衍庆，俞金寿，蒋慰孙. 工业生产过程控制[M]. 北京：电子工业出版社，2003.

黄德先，王京春，金以慧. 过程控制系统[M]. 北京：清华大学出版社，2011.

黄琳，杨莹，王金枝. 信息时代的控制科学[J]. 中国科学：信息科学，2013，43(11)：1511-1516.

凌志浩. DCS与现场总线控制系统[M]. 上海：华东理工大学出版社，2008.

刘国海，梅从立. 集散控制与现场总线[M]. 北京：机械工业出版社，2011.

刘强，卓洁，郎自强，等. 数据驱动的工业过程运行监控与自优化研究展望[J]. 自动化学报，2018，44(11)：1944-1956.

潘立登. 过程控制[M]. 北京：机械工业出版社，2008.

彭瑜. 照亮工业自动化的技术里程碑[J]. 中国工业和信息化，2020，6(12)：78-83.

骞钊. 炼焦生产过程实时集中监视系统设计及其应用[D]. 长沙：中南大学，2008.

莎拉·伯格布雷特. 从实践走向理论：二战后的自动控制[J]. 谢力，译. 系统与控制纵横，2020，7(2)：11-30.

王伟，吴敏，雷琪，等. 炼焦生产过程综合生产指标的改进神经网络预测方法[J]. 控制理论与应用，2009，26(12)：1419-1424.

吴澄. 现代集成制造系统的理论基础：一类复杂性问题及其求解[J]. 计算机集成制造系统，2001，7(3)：1-7.

吴敏，曹卫华，陈鑫. 复杂冶金过程智能控制[M]. 北京：科学出版社，2016.

于海斌，王宏. 工业通信与控制系统[J]. 自动化博览，2003，10(S1)：109-112.

于海斌. 工业互联网—互联网+制造业的一种范式[J]. 机器人技术与应用，2019，26(4)：24-25.

余晓晖，刘默，蒋昕昊，等. 工业互联网体系架构 2.0 [J]. 计算机集成制造系统，2019，25(12)：2983-2996.

俞金寿，蒋慰孙. 过程控制工程[M]. 北京：电子工业出版社，2007.

张钹，朱军，苏航. 迈向第三代人工智能[J]. 中国科学：信息科学，2020，50(9)：1281-1302.

邹涛，魏峰，张小辉. 工业大系统双层结构预测控制的集中优化与分散控制策略[J]. 自动化学报，2012，39(8)：1366-1373.

ASTRÖMA K J，KUMAR P R. Control：A perspective [J]. Automatica，2014，50(1)：3-43.

JIN F，ZHAO J，SHENG C Y，et al. Causality Diagram-based Scheduling Approach for Blast Furnace Gas System [J]. IEEE/CAA Journal of Automatica Sinica，2018，5(2)：587-594.

PAN Y H. Heading toward Artificial Intelligence 2. 0[J]. Engineering，2016，2(4)：51-61.

QIAN F. Smart and Optimal Manufacturing：The Key for the Transformation and Development of the Process Industry[J]. Engineering，2017，3(2)：7-8.

ZHOU J，LI P G，ZHOU Y H，et al. Toward New-Generation Intelligent Manufacturing[J]. Engineering，2018，4(1)：28-47.

附　录

附录一　中英文缩写对照表

本附录中按照英文缩写首字母顺序给出了全书中的中英文缩写对照表。

英文缩写	英文全称	中文释义
A/D	Analog/Digital	模拟量/数字量
AI	Analog Input	模拟量输入
AO	Analog Output	模拟量输出
B/S	Browser/Server	浏览器/服务器
CAN	Control Area Network	控制局域网络
CFC	Continuous Function Chart	连续功能图
CIMS	Computer Integrated Manufacturing System	计算机集成制造系统
CIP	Control Information Protocol	控制与信息协议
CIPS	Computer Integrated Process System	计算机集成过程系统
CM	Communication Module	通信模块
CPU	Central Processing Unit	中央处理单元
C/S	Client/Server	客户端/服务器
CSMA/CD	Carrier Sense Multiple Access with Collision Detection	载波监听多路访问
D/A	Digital/Analog	数字量/模拟量
DCS	Distributed Control System	集散控制系统
DDC	Direct Digit Control	直接数字控制
DI	Digital Input	数字量输入
DO	Digital Output	数字量输出
EEPROM	Electrically Erasable Programmable Read Only Memory	带电可擦可编程只读存储器
ERP	Enterprise Resource Planning	企业资源计划
EPROM	Erasable Programmable Read Only Memory	可擦可编程只读存储器
FCS	Fieldbus Control System	现场总线控制系统
FF	Foundation Fieldbus	基金会现场总线
FM	Functional Module	功能模块

英文缩写	英文全称	中文释义
FMS	Fieldbus Message Specification	现场总线报文子层
HMI	Human Machine Interface	人机界面
IM	Interface Module	接口模块
IEC	International Electrotechnical Commission	国际电工委员会
IEEE	Institute of Electrical and Electronics Engineers	电气与电子工程师协会
I/O	Input/Output	输入/输出
ISA	Instrument Society of America	美国仪表学会
ISO	International Organization for Standardization	国际标准化组织
LAD	Ladder Logic Programming Language	梯形图语言
LonWorks	Local Operating Network	局部操作网
MAC	Medium Access Control	介质访问控制
MES	Manufacturing Execution System	生产执行系统
MIS	Management Information System	分布式管理信息系统
MPI	Multi Point Interface	多点接口
OLE	Object Linking and Embedding	对象链接和嵌入
OPC	OLE for Process Control	OLE 用于过程控制
OSI/RM	Open System Interconnection Reference Model	开放系统互连参考模型
P-bus	Plant Bus	工厂总线
PCS	Process Control System	过程控制系统
PID	Proportion Integral Differential	比例积分微分
PLC	Programmable Logic Controller	可编程逻辑控制器
Profibus	Process Field Bus	过程现场总线
Profibus-DP	Process Field Bus- Decentralized Periphery	过程现场总线-分布式外围设备
Profibus-FMS	Process Field Bus-Fieldbus Message Specification	过程现场总线-现场总线信息规格
Profibus-PA	Process Field Bus-Process Automation	过程现场总线-过程自动化
PS	Power Systems	电源系统
RAC	Real Application Clusters	实时应用集群
RAM	Random Access Memory	随机存取存储器
RMDS	Remote Monitoring, Diagnosis and Standardization	远程监控、诊断、规范化
SCC	Supervisory Computer Control	监督计算机控制
SCE	Station Configuration Editor	站组态编辑器
SFC	Sequential Function Chart	顺序功能图

英文缩写	英文全称	中文释义
SM	Signal Module	信号模块
SQL	Structured Query Language	结构化查询语言
T-bus	Terminal Bus	终端总线
TSN	Time Sensitive Network	时间敏感型网络
WinCC	Windows Control Center	视窗控制中心
WorldFIP	World Factory Instrumentation Protocol	世界工厂设备协议
WWW	World Wide Web	万维网

附录二 大事年表

一、时代背景

1788 年,英国发明家瓦特改良蒸汽机,标志着第一次工业革命的开始

1866 年,德国科学家西门子制成了发电机

1876 年,美国科学家贝尔发明了电话

1892 年,爱迪生电灯公司和汤姆森休斯敦电气公司合并,成立了通用电气公司

1906 年,国际电工委员会(International Electrotechnical Commission, IEC)于英国伦敦成立,是世界上成立最早的国际性电工标准化机构,负责电气工程和电子工程相关领域的国际标准化工作

1908 年,美国福特汽车公司生产出了世界第一辆民用汽车——T 型车,世界汽车革命拉开序幕

1913 年,美国福特汽车公司起用了汽车工业的第一条生产流水线,标准化、专门化的"福特制"生产方式产生,大大提高了汽车制造效率

1914—1918 年,第一次世界大战

1925 年,美国贝尔实验室成立

1939—1945 年,第二次世界大战

1946 年,世界第一台电子计算机在美国研制成功,美国国防部用它来进行弹道计算

1947 年,国际标准化组织 ISO 于英国伦敦成立,是世界上最大的非政府性标准化专门机构

1950 年,图灵发表《计算机和智力》,提出把思维赋予机器的观点

1953 年,沃森和克里克发现了 DNA 双螺旋的结构,开启了分子生物学时代

1957 年,苏联发射成功了世界第一枚洲际弹道火箭,美苏太空竞赛开始

1957 年,苏联发射了世界上第一颗人造地球卫星,次年美国也发射了人造地球卫星

1960 年,第一届国际自动控制联合会(International Federation of Automatic Control, IFAC)大会于莫斯科召开

1961 年,美国阿波罗登月计划启动

1962 年,古巴导弹危机

1969 年,苏联装备陆基洲际导弹 1029 枚,美国装备 1054 枚

1981 年,IBM 推出首部个人电脑

1997 年,美国探路者号小车胜利完成了火星表面的实地探测

2001 年,中国"十五"发展规划提出"以信息化带动工业化"的宏观要求

2006 年,谷歌首次提出云计算的概念

2008 年,美国自然基金委员会提出了信息物理融合系统(Cyber-Physical System, CPS)的概念

2008 年，维克托·迈尔·舍恩伯格及肯尼斯·库克耶提出了大数据具有的 4 个特点

2011 年，美国空军研究实验室结构力学部门首次明确提到了数字孪生，希望实现战斗机维护工作的数字化

2012 年，美国通用电气公司发布了《工业互联网》白皮书，正式提出了工业互联网的概念

2012 年，联合国发布的 *Big Data for Development: Challenges & Opportunities* 白皮书指出，大数据是联合国和各国政府的一个历史性机遇，利用大数据进行决策，是提升国家治理能力，实现治理能力现代化的必然要求，可以帮助政府更好地参与经济社会的运行与发展

2013 年，德国政府提出“工业 4.0”战略

2015 年，《中国制造 2025》

二、控制理论发展

1868 年，Maxwell 发表论文《论调节器》，分析了蒸汽机高速运转下调速器的稳定性问题，开创了控制理论研究的先河

1877 年，Routh 判据被提出，解决了五次以上多项式对于判定系统稳定性的难题

1892 年，Lyapunov 博士论文《运动稳定性的一般问题》发表，提出了 Lyapunov 方法

1895 年，Hurwitz 判据被提出，分析了火力发电厂的汽轮机调速系统的稳定性，控制系统稳定性的代数理论基本建立

1928 年，Black 针对长途电话中电子管放大器的失真和不稳定问题，提出了负反馈放大器

1931 年，Foxboro 研发出了通用型 PID 控制器

1932 年，奈奎斯特判据被提出，发现电路中负反馈放大器的稳定性条件，保障了长途电话通信反馈回路的稳定电子

1939—1945 年，第二次世界大战期间，维纳参与研究美国军方的防空火力自动控制系统的工作，提出了负反馈的概念

1942 年，哈瑞斯用控制框图的方法描述控制系统，并引入了传递函数的概念

1943 年，基于 Bode 图设计 M9 火炮指挥控制系统，控制系统分析与设计的频域法基本建立

1948 年，维纳发表奠基性著作《控制论》，将反馈概念推广到一切工程控制中

1948 年，Evans 发表论文 *Graphical Analysis of Control System*，为根轨迹方法奠定了基础

1954 年，钱学森《工程控制论》出版

1956 年，针对用最少燃料或最短时间准确地将火箭发射到预定轨道等最优控制问题，苏联数学家庞特里亚金提出极大值原理，同年美国数学家 Kalman 创立动态规划，为最优控制提供了理论工具

1956 年，约翰·麦卡锡提出了“人工智能”的概念

1960 年,Kalman 提出了能控性和能观性两个概念,揭示了系统的内在属性,标志着现代控制理论的诞生,同时在阿波罗登月计划中发挥了重要的作用

1965 年,美国 Zadeh 发表开创性 *Fuzzy Sets*,标志着模糊集理论的诞生

1971 年,美国人工智能专家爱德华·菲根鲍姆构建了世界上第一个专家系统 DENDRAL,它能够像化学家那样分析化合物质谱,推断未知的化学结构

1971 年,傅京孙提出智能控制概念

1973 年,Astrom 设计的自校正调节在造纸厂成功应用,自适应控制理论

1974 年,英国的 Mamdani 首先把模糊集理论用于锅炉和蒸汽机的控制

1978 年,Ljung 给出了“系统辨识”的实用定义

1978 年,Richalet 提出了预测控制算法的三要素,即预测模型、参考轨迹(滚动优化)、控制算法(反馈控制)

1981 年,Zames 基于频域和时域方法提出最优灵敏度控制,开始了鲁棒控制研究时代

1982 年,Hopfield 提出了 Hopfield 神经网络,并给出了网络稳定性判据

1985 年,Rumelhart 和 MeClelland 提出了神经网络的误差法相传播学习算法

1985 年,IEEE 在美国纽约召开第一届智能控制学术会议,集中讨论智能控制的原理和系统结构等问题

1987 年,IEEE 控制系统学会和计算机学会联合举办了智能控制国际研讨会,总结了智能控制的主要研究成果,提出智能控制结构的设想,表明智能控制作为一个独立学科正式在国际上形成了

1989 年,Goldberg 总结前人工作,系统地提出了遗传算法,将遗传算法与机器学习理论相结合

1991 年,Dorigo 提出了蚁群算法解决旅行商问题,标志着群智能优化的出现

1992 年,智能自动化国际联合会成立,标志着智能控制已具有一定的影响力

1994 年,控制领域顶级期刊 *Automatica* 将基于神经网络的控制称为神经网络控制

1995 年,第一届国际多智能体系统会议在美国旧金山举办

1997 年,IBM 研制的计算机程序“深蓝”击败国际象棋世界冠军卡斯帕罗夫

2008 年,中国国家自然科学基金委员会召开“基于数据的控制、决策、调度与故障诊断”学术研讨会,数据驱动、知识驱动、全流程优化

2017 年,DeepMind 研制的 AlphaGo 击败围棋世界冠军柯洁,深度学习名声大噪

2020 年,DeepMind 研制的 AlphaFold 在蛋白质结构预测领域取得重大突破,深度学习在基础科学问题中展现出了巨大的可能性

2020 年,DeepMind 研制的 MuZero 在国际象棋、将棋、围棋和雅达利多款游戏中均碾压人类玩家,人工通用智能的大门正缓缓打开,可以实现生产过程的自动化,仍然广泛依赖知识工作者,生产全流程智能化。智能控制,人工智能,充分利用人类的知识对复杂系统进行控制

三、通信技术发展

1928 年，奈奎斯特提出采样定理

1948 年，英国数学家布尔创立二进制代数学，被称为“布尔代数”

1948 年，香农总结前人成果，发表“通信的数学理论”标志着信息论的确立

1952 年，Zadeh 定义了 Z 变换，是分析离散系统的重要工具

1960 年，麻省理工学院 Licklider 教授提出了以宽带通信线路连接的计算机网络设想

1964 年，美国兰德公司的保罗·巴兰发表《论分布式通信》，首次提出了“分布式自适应信息块交换”，即“分组交换”的通信技术

1966 年，美国启动 ARPANET 研究计划，旨在通过网络通信联通多个分散指挥系统，以避免集中的军事指挥中心遭遇核打击导致全国军事指挥陷入瘫痪的情况

1969 年，ARPANET 美国加州大学洛杉矶分校(UCLA)节点与斯坦福研究院(SRI)节点实现了第一次分组交换技术的远程通信，标志着互联网的诞生

1972 年，第一届国际计算机通信会议召开，就在不同的计算机网络之间进行通信达成协议

1973 年，美国施乐公司帕洛阿尔托研究中心的鲍伯·梅特卡夫发明了一个包含冲突检测机制的新系统，组建了世界上第一个个人计算机局域网络，并将其命名为“以太网”

1974 年，传输控制协议(Transmission Control Protocol, TCP)和 Internet 协议(Internet Protocol, IP)问世，美国国防部为确立在网络互联方面不可动摇的地位，向全世界无条件地免费提供 TCP/IP 协议

1978 年，美国贝尔实验室开发了第一代蜂窝移动通信系统

1982 年，IEEE 802.3 协议的制定奠定了以太网在局域网络中的地位

1983 年，TCP/IP 协议成为 ARPANET 上的标准协议，使得所有使用 TCP/IP 协议的计算机都能利用互连网相互通信

1985 年，国际标准化组织 ISO 提出了开放系统互连基本参考模型 OSI，旨在使世界范围内的各种计算机以此标准框架互连成网

1985 年，IBM 推出 4Mbps 令牌环局域网，结构化的布线，屏蔽双绞线

1992 年，北欧移动电话网络(NMT)创建了全球移动通信系统(GSM)，允许用户在全球范围内拨打和接听电话

1993 年，万维网(World Wide Web, WWW)开放给所有人使用，是欧洲原子核研究组织询问计划的产物，旨在让研究人员更好地分享资讯，经济技术全球化加快

1993 年，国际电工委员会(IEC)制定 IEC 61131 标准的第 3 部分 IEC 61131-3，用于规范可编程逻辑控制器(PLC)、DCS、IPC、CNC 和 SCADA 的编程系统标准，已经成为工业控制领域的趋势

1996 年，各种波长的激光器研制成功，可实现多波长多通道的光纤通

1999 年底，国际标准 IEC 61158 获得通过，共有 8 种总线纳入 IEC 61158 标准

1999 年，法国施奈德公司推出首个工业以太网协议 MODBUS/TCP 协议

2005 年,我国自主研发的实时以太网 EPA 通信协议 Ethernet for Plant Automation 通过 IEC 各国家委员会的投票,正式成为 IEC/PAS 62409 文件

2005 年,国际电信联盟(ITU)发布了《ITU 互联网报告 2005:物联网》,正式提出了物联网的概念

2012 年,美国 GE 公司发布了《工业互联网》白皮书,正式提出了工业互联网的概念

2019 年,5G 开始商用

四、计算机技术的发展

1904 年,英国物理学家弗莱明在研究远距离无线电通信时,意识到灵敏、可靠的检波器必不可少,受启发于"爱迪生效应",发明了只允许电流单向流动的器件——电子管

1940 年,Tayor 公司推出 Fulscope100,第一种拥有装在一个单元中的全 PID 控制能力的气动式控制器

1946 年,冯·诺伊曼提出存储程序原理,确定了存储程序计算机的五大组成部分和基本工作方法

1946 年,世界上第一台电子计算机"ENIAC"在美国研制成功

1947 年,美国贝尔实验室研制出一种点接触型的锗晶体管,体积小巧、功率消耗低的晶体管代替了体积大、功率消耗大的电子管

1951 年,Swartwout 公司(现已并入 Prime Measurement Products 公司)推出其 Autronic 产品系列,第一种基于真空管技术的电子控制器。

1952 年,IBM 公司研制出世界上首个批量生产的电脑 IBM701

1956 年,美国贝尔实验室研制成功第一台晶体管计算机,主要用于原子科学的大量数据处理,这些机器价格昂贵,生产数量极少

1958 年,美国德州仪器公司在 6.45mm² 的片子上制成了由 12 个元件组成的 RC 移相振荡器,标志着集成电路的诞生

1965 年,DEC 公司推出了 PDP-8 型计算机,标志着小型机时代的到来;尚在仙童公司的摩尔发表摩尔定律论文,根据经验指出"集成电路芯片上所集成的电路的数目,每隔 18 个月就翻一番,而价格降低一倍"

1967 年,在一个芯片上集成超过 1000 个晶体管,进入了大规模集成电路阶段

1969 年,Honeywell 公司推出 Vutronik 过程控制器产品系列,这种产品具有从负过程变量而不是直接从误差上来计算的微分作用

1971 年,Intel 公司研制成功世界上第一个商用的 4 位微处理器芯片 4004,标志着微型处理器的诞生

1971 年,Allen Bradley 开发出了可编程逻辑控制器,通用汽车公司对于能够取代继电器的标准机器控制器的需求给了电子行业挑战

1974 年,Intel 推出了自己的第一款 8 位微处理芯片 8080,同年,爱德华罗伯茨发布了自己制作的装配有 8080 处理器的计算机"牛郎星",这也是世界上第一台装配有微处理器的计算机,掀开了个人电脑的序幕

1975年,比尔·盖茨成功为"牛郎星"配上了BASIC语言,之后退学创办了微软公司

1975年,Process Systems公司(现已并入MICON Systems公司)推出P-200型控制器,第一种基于微处理器的PID控制器

1978年,Intel推出了第一款16位的微处理器8086

1978年,美国Pro-Log公司率先研制了STD总线技术,此微机控制总线被IEEE批准为IEEE961标准,STD总线工控机得到了迅速发展

1981年,IBM研发成功世界首台个人电脑IBM-PC

1983年,苹果公司推出了世界第一台商品化的图形用户界面PC机,第一次配备了鼠标

1983年,美国Honeywell公司向制造工业率先推出了新一代智能型压力变送器,这标志着模拟仪表向数字化智能仪表的转变

1985年,微软推出Windows操作系统

1985年,Intel推出32位微处理器80386

1991年,芬兰大学生Linus Torvalds开发出了一种基于UNIX的操作系统Linux,并且将源代码全部公开于互联网上,从而引发了席卷全世界的源代码开放运动

1995年,微软公司推出了Windows95操作系统,具有更强大、更稳定、更实用的桌面图形用户界面

1997年,IBM研制的超级计算机"深蓝"第一次战胜了国际象棋世界冠军卡斯帕洛夫

2006年,针对处理器性能增长遭遇时钟频率提升的瓶颈,Intel推出多核处理器系列芯片

2006年,谷歌首次提出云计算的概念

2011年,边缘计算的概念被提出

2016年,西门子在汉诺威工业展期间首次提出了开放式物联网操作系统MindSphere

2018年,阿里云工业大脑开放平台正式发布,赋能生态从感知,到知识,到智慧,阿里云匠心打造,让工业设备真正实现自感知、自诊断、自决策、自配置

2020年,中国科学技术大学等团队成功构建76个光子的量子计算原型机"九章",其计算速度比目前最快的超级计算机快100万亿倍

附录三　基于PCS7锅炉综合控制系统的管道仪表流程图

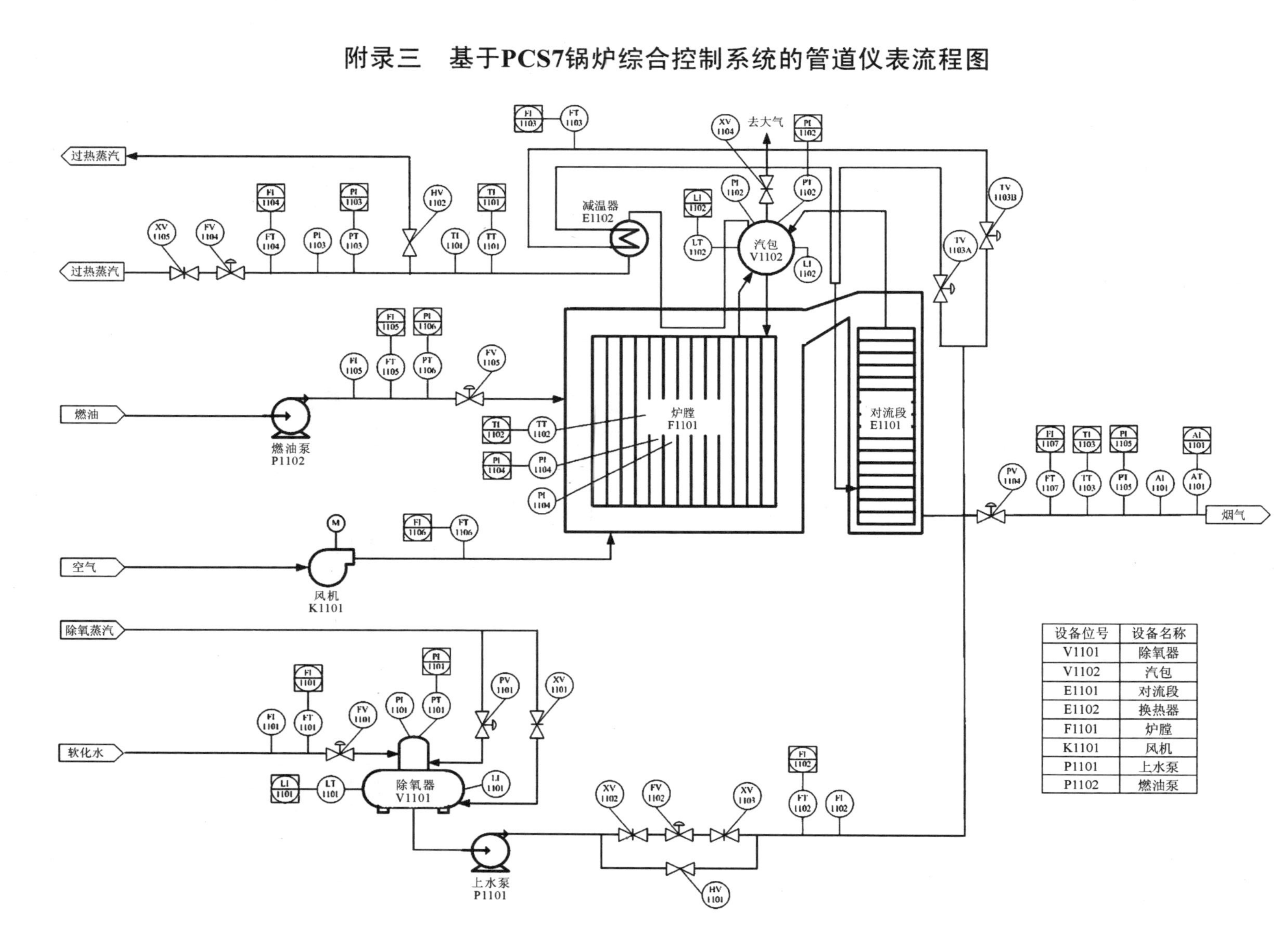

设备位号	设备名称
V1101	除氧器
V1102	汽包
E1101	对流段
E1102	换热器
F1101	炉膛
K1101	风机
P1101	上水泵
P1102	燃油泵

附录四　工艺流程图常用管道仪表流程图说明

一、常用设备及管件字母代号

序号	设备符号	设备名称		序号	设备符号	设备名称	
1	C	Compressor	压缩机	6	T	Tower	塔
2	E	Exchanger	换热器	7	V	Vessel	容器
3	F	Furnace	加热炉	8	Z		其他设备
4	P	Pump	泵	9	S	Separator	分离器
5	R	Reactor	反应器	10	M	Measuring tank	计量罐

二、控制流程图字母意义

字母	首位字母		后继字母		
	被测变量	修饰词	读出功能	输出功能	修饰词
A	分析		报警		
C	电导率			控制	
D	密度	差			
E	电压		检测元件		
F	流量	比率			
G	毒性气体或可燃性气体		视镜、观察		
H	手动				高
I	电流		指示		

三、过程测量与控制仪表的功能标志及图形符号

序号	安装形式	现场安装	控制室安装	现场安装
1	单台常规仪表			
2	DCS			
3	计算机功能			
4	可编程逻辑控制器			

附录五　SMPT-1000 实验对象 X4～X7 端子通道默认配置功能

SMPT-1000 实验对象端子排 X0～X3 为用户可自定义功能端子排，X4～X7 端子排系统为之进行了功能的预分配，如下表所示。

端子号	对应的数字量信号	端子号	对应的数字量信号
X4-01	风机指示灯信号	X6-01	上水泵开关信号
X4-02	上水泵指示灯信号	X6-02	燃油泵开关信号
X4-03	燃油泵指示灯信号	X6-03	风机开关信号
X4-04	点火指示灯信号	X6-04	点火开关信号
X4-05	XV1102 指示灯信号	X6-05	XV1102 开关信号
X4-06	XV1101 指示灯信号	X6-06	XV1101 开关信号
X4-07	XV1106 指示灯信号	X6-07	XV1106 开关信号
X4-08	XV1105 指示灯信号	X6-08	XV1105 开关信号
X5-01	XV1104 指示灯信号	X7-01	XV1104 开关信号
X5-02	炉膛指示灯信号	X7-02	未使用
X5-03	蒸汽指示灯信号	X7-03	未使用
X5-04	报警确认按钮	X7-04	报警灯 1
X5-05	紧急停车按钮	X7-05	报警灯 2
X5-06	连锁开关 1	X7-06	报警灯 3
X5-07	连锁开关 2	X7-07	报警灯 4
X5-08	连锁开关 3	X7-08	未使用

附录六　连续功能图程序编写模块管脚功能表

本附录列举了连续功能图中的常用模块，并说明了各模块的关键管脚及其对应的功能。

模块名称	管脚名称	管脚功能
模拟量输入模块	PV_In	模拟量输入检测信号
	Scale	输入信号检测范围
	PV_InUni	设置输入值单位
	Mode	设置模块模式
	PV_Out	经模块转换后十进制输出值
	PV_OutUn	设置输出值的单位
模拟量输出模块	PV_In	模拟量输出模块输入值
	Scale	输入信号检测范围
	PV_InUni	输入值单位设置
	Mode	设置模块模式
	PV_Out	经模块转换后十进制输出值
	PV_OutUn	设置输出值的单位
PID 控制器模块	NegGain	设置控制器正反作用
	Gain	设置 PID 比例增益
	TI	设置积分时间
	TD	设置微分时间
	SP_Int	自动模式输入值
	SP_TrkPV	设定选择设定值跟踪测量值
	PV	检测输入值
	ModLiop	设置模式
	AutModLi	自动模式设定
	ManModLi	手动模式设定
	PV_Unit	设置输入值单位
	MV_Unit	设置控制输出值单位
	MV	控制输出值
	ER	测量值与设定值误差
监控模块	PV	检测输入值
	PV_Unit	设置检测值单位